国家出版基金项目
NATIONAL PUBLICATION FOUNDATION

陕西出版资金资助项目

U0795810

No.4

问 史根东 刘德天 李兵弟 臧英年

美丽地球·少年环保科普丛书

动物灭绝的悲歌

叶 榄 孙 君 主编

编者 丁娟 人与 马向于 王晨琛 龙海铮 刘振 阮俊华 杨建南 张涓 陆宏 陈飞 陈开碇 陈耀祥 尚耀庭 封宁 郭耕 崔志如 崔晟

别让可爱的生灵在我们这一代人手中消失……

陕西出版传媒集团
陕西科学技术出版社

图书在版编目（CIP）数据

动物灭绝的悲歌 / 叶榄，孙君主编．—西安：陕西科学技术出版社，2014.1（2022.3 重印）
（美丽地球·少年环保科普丛书）
ISBN 978-7-5369-6024-4

Ⅰ．①动… Ⅱ．①叶… ②孙… Ⅲ．①濒危动物—少年读物 Ⅳ．①X37-49

中国版本图书馆 CIP 数据核字（2013）第 276718 号

动物灭绝的悲歌

叶 榄 孙 君 主编

出 版 人 张会庆
策　　划 朱壮涌
责任编辑 李 栋

出 版 者 陕西新华出版传媒集团 陕西科学技术出版社
西安市曲江新区登高路 1388 号陕西新华出版传媒产业大厦 B 座
电话（029）81205187 传真（029）81205155 邮编 710061
http://www.snstp.com
发 行 者 陕西新华出版传媒集团 陕西科学技术出版社
电话（029）81205180 81206809
印　　刷 三河市嵩川印刷有限公司
规　　格 720mm×1000mm 16 开本
印　　张 9
字　　数 118 千字
版　　次 2014 年 1 月第 1 版
2022 年 3 月第 3 次印刷
书　　号 ISBN 978-7-5369-6024-4
定　　价 32.00 元

序 言

动物是地球上的精灵
它们奔跑、它们飞翔、它们畅游
在世界各地
都有这些精灵的存在
花开花落、春去秋来
都有精灵们忙碌的身影
这本是地球应该高兴的事
然而
地球却是悲伤的
环境的恶化、人类的贪婪
让这些精灵们走向了灭绝
也许从此之后
地球上再也见不到它们的身影了

环保专家的肺腑之言

叶　榄　中国环保最高奖“地球奖”获得者，中华慈善奖获得者，中国十大杰出青年志愿者，中国十大当代徐霞客，“墨子绿色与和平奖”、“林则徐禁烟奖”发起人。

人与自然的和谐是绿色，人与人的和谐是和平！

孙　君　中国三农人物，中华慈善奖获得者，生态画家，北京“绿十字”发起人，绿色中国年度人物，“英雄梦 新县梦”规划设计公益行总指挥。

外修生态，内修人文，传承优秀农耕文明。

阮俊华　中国环保最高奖“地球奖”获得者，中国十大民间环保优秀人物，浙江大学管理学院党委副书记。

保护环境是每个人的责任与义务！让更多人一起来环保！

封　宁　中国环境保护特别贡献奖获得者，“绿色联合”创始人，中国再生纸倡导第一人。

保护森林，保护绿色，保护地球。

史根东　联合国教科文组织中国可持续发展教育项目执行主任，教育家。

持续发展、循环使用，是人类文明延续的根本。

杨建南　中国环保建议第一人。

注重于环境的改变，努力把一切不可能改变为可能。

聆听环保天使的心声

王晨琛 “绿色旅游与无烟中国行”发起人，清华大学教师，被评为“全国青年培训师二十强”。

自地球拥有人类，环保就应该开始并无终止。

张 涓 中国第一环保歌手，中华全国青年联合会委员，全国保护母亲河行动形象大使。

用真挚的爱心、热情的行动来保护我们的母亲河！

郭 耕 中国环保最高奖“地球奖”获得者，动物保护活动家，北京麋鹿苑博物馆副馆长。

何谓保护？保护的关键，不是把动物关起来，而是把自己管起来。

臧英年 国际控烟活动家，首届“林则徐禁烟奖”获得者。

中国人口世界第一，不能让烟民数量也世界第一。

崔志如 中国上市公司环境责任调查组委会秘书长，CSR 专家，青年导师。

保护环境是每个人的责任与义务！

陈开碇 中原第一双零楼创建者，中国青年丰田环保奖获得者，清洁再生能源专家。

好的环境才能造就幸福人生。

目录

第1章

没有动物，就没有人类

没有动物就没有人类，这么说是有原因的，因为人类正是从动物进化而来。那么，脱离了自然法则的束缚，站在食物链顶端的人类还需要动物这些比自己低端的生物吗？答案是肯定的。动物提供了人类无法对自然作出的贡献，是地球之所以长存的保障！

寻找你身边的生物圈

课题目标

发挥你的调查才能，找到你身边的生物圈，并身体力行实施你的环保小建议。

要完成这个课题，你必须：

1.和家长、老师或者好朋友一起合作。

2.了解你的周围有哪些生物。

3.了解这些生物之间是怎样相互影响的。

4.身体力行，和朋友们一起做环保小卫士。

课题准备

与你的好朋友们一起上网了解相关知识，寻找你身边的生物圈。还可以调查关于生态圈的相关环保数据。

检查进度

在学习本章内容的同时完成这个课题，为了按时完成课题，你可以参考以下步骤来实施你的调查计划。

1.把你身边的生物都记录下来。

2.了解这些生物的食物链是怎样的。

3.将这些生物链画出来。

4.展示给你的伙伴们看。

总结

本章结束时，可以和你的伙伴们一起向父母、老师展示你的环保成果。

如果这世界上只有人类

在地球生物漫长的进化岁月里，生物进化的故事不断地延续着。从单细胞生物到水母级生物，再到陆地上的恐龙和后来的各种哺乳动物。相比之下，人类出现的时间要晚得多。但人类在进化中，靠着聪明的大脑和灵巧的双手学会了制造工具，凭着绝对的优势，最终走出了·大森林，到达了广阔的平原地带，开始拥有了属于自己的生存空间。

但是，人类并不满足于现状，随着机械化水平的提高和追求经济效益最大化思想的出现，人类的手伸向了大自然，伴随着科技文明发展的是大范围的污染和捕捉野生动物。目前世界上还有很多人认为动物的灭绝和自己没有任何关系，只要自己得到了好处就不管其他，致使一些动物已经永远地告别了世界。事实上，这种观点是错误的，人类被暂时的金钱和利益冲昏了头脑。

如果把时间推移到 1 万年后，我们可以想象一下：在荒凉的大沙漠上，没有了胡杨树，只

有热辣的狂风;在城市里,没有了绿树,只有呛人的汽车尾气,而我们可爱的动物伙伴也早已被深埋在地下了;行走在道路上,也听不到有熟悉的鸟鸣;平日里吃的香肠也变成了人类自己制造的人造肉。除了孤单之外,人类不再拥有其他东西,还要担心哪一天地球的震怒会随时把自己带向毁灭。

每一个物种的灭亡,同时影响着与之相关的多个物种的消长。少年朋友们,你们认为这样的生活很好吗?

科学家研究表明,每消失1种植物,就会有10~30种依附于它的动物、昆虫随之覆灭。所有的生物组成了一个循环的生物链,这种关系是互惠互利的,也同样是互相制约的,从而保持了一个生态系统的平衡。同样的道理,动物的灭绝对人类也起着重大的影响。因此,地球上不能只有人类!

死星和生态平衡理念

延伸阅读

生态平衡是指自然生态系统中生物与环境之间，生物与生物之间相互作用而建立起来的动态平衡联系。包含两个方面的稳定：一方面是生物种类（即动物、植物、微生物、有机物）的组成和数量比例相对稳定；另一方面是非生物环境（包括空气、阳光、水、土壤等）保持相对稳定。

我们大家都知道，在已知的太阳系中，有八大行星，它们分别是金星、木星、水星、地球、火星、土星、天王星、海王星。而地球则是唯一有着生命体的星球。这在太阳系中是那么地偶然，而我们人类却不知道珍惜！

在地球以外，有一些没有生命体且整日处在黑暗的星球，它们叫死星，光听名字就觉得很可怕。那里没有阳光的照射，没有空气和水源。整个星球远远望去一片灰暗，没有一丝生机。没有任何生物愿意来到那些星球上安家。科学家一直在寻找类似于地球这样的星球，但是目前并没有发现符合生物生存条件的星球。我们可以大胆假设，如果有一天地球的绿色消失了，我们所拥有的恐怕只有毁灭。

所以，绿色才是生命的存在保障，生命的自然生存也依赖于生态平衡，地球上没有任何一样生物是多余的，每一个自然生物都在履行着自己的使命。

以珊瑚为例，它不是植物，而是海洋中的一种动物，且对于海洋生态的稳定起着重要作用。在它身上有着无数的细小的珊瑚虫用它们的触手和肠腔不停地食用各种微生物和浮游植物获取营养而使海水过滤洁净，好比是海水的过滤器，这样能大大降低发生赤潮的可能性。它不光对海岸具有保护作用，而且还蕴藏着油气资源。但是，人类为了短期经济利益而破坏了珊瑚，结果不光是影响到了渔业，赤潮也变本加厉地发生了，打破了生态系统的平衡。

破坏生态平衡受伤害的首先是人类自己。所以，尽力保护动植物，在维持生态平衡的前提下和大自然和谐相处才是能持续发展的重要方法。

野生动植物对环境的影响

我们前面说的珊瑚只是众多例子中的一个。下面再拿我们身边的例子说起吧。

农民伯伯每日辛苦地劳作，在田间种下种子，并辛勤地耕耘，等待秋天的收获。可是光靠人类是无法解决粮食被损坏的问题的。每一年都会因为闹蝗灾或者其他害虫、杂草致使庄稼被毁。人类近些年来靠着农药来治理害虫，但是收效不是很好，施用过农药的农作物到了餐桌上上面的药物残渣也很难去除。于是科学家发现了原始生态的解决方法比使用农药得更环保。于是请出了被人类曾经杀害过的青蛙和蜻蜓等对庄稼起到保护作用的生物们。

再比如说，有一种很不起眼的小动物——蚯蚓。我们知道蚯蚓都是喜欢藏在泥土中的，对于人类而言它们也许微不足道，但是它们所创造的价值要大于我们的想象。蚯蚓除了可以用来做鱼饵外，

人们还经常把它们放在花盆中，用它们来松土，这样花朵可以生长得更加旺盛。如今科学家已经用蚯蚓来改良土质，蚯蚓不但可以疏松土壤，而且它们的粪便还是很好的肥料，对于各种植物的生长起到了促进的作用。

还有我们生活中的一种营养食物——蜂蜜。蜂蜜的营养价值高，对人体的健康有着很大的好处。而蜂蜜必须经过蜜蜂采集花粉酿成，如果离开了蜜蜂，那么蜂蜜可就再也见不到了。

由此可见，动物对人类的帮助是多么重要！人类的生存离不开动物朋友们！

有了动物伙伴的帮助就可以较好地解决粮食被损坏的问题，依靠青蛙和蜻蜓直接消灭害虫要比使用农药的效果好得多，而且还不会污染农作物。这就是我们经常说的“一物降一物”，生物链就是这么有趣！

无脊椎动物所作出的贡献

延伸阅读

淡水蚌类是世界许多湖泊和河流的主要滤食动物，在淡水生态系统自我调节中起着重要的作用。每只蚌类每天可过滤 40 升水，帮助分解和去除水体中过多的浮游植物细菌和有机物质，保持水体透明度。海绵 1 天中过滤的海水是其身体体积的 1 万倍。身长只有 5 毫米的甲壳类动物水蚤，每天过滤的水量可达 80 毫升。

在水生环境中，许多无脊椎动物，如虾、蟹、刺细胞动物（珊瑚虫和水母等）在维护水体营养循环、去除水中污染物等方面起着无可替代的作用。它们在进食过程中，过滤着水中的悬浮物质和食物颗粒，去除了水体中的泥沙、营养物质、藻类和细菌等，而这类物质如果过多就会导致水体生态系统失衡。曾经有人估算，1 只牡蛎 1 天之内就可以过滤高达 124 升的水，遗憾的是，目前全球范围内牡蛎的数量已减少了 85%，37% 的河口和 28% 的生态区域内，已失去了牡蛎的这种净化功能。

浮游生物对于海洋生态系统也有着重要

意义，它们有硅藻、散线虫、腰鞭毛虫、有孔虫类、片脚类动物、桡足类动物、樽海鞘以及海胆、海星、海龟、海洋蠕虫、海蜗牛和大多数鱼类的幼虫等。它们对营养水平、海水温度和污染程度等极为敏感，它们的生物丰度可以用来指示生态系统的健康水平。

在陆地上无脊椎动物是生态系统中不可缺少的一部分，人类的粮食生产在很大程度上依赖于蜜蜂和其他昆虫的授粉活动，大多数植物的生长需要依靠如蜜蜂、蛾子、蝴蝶、甲虫等无脊椎动物为其授粉。有了它们的存在，才能保证全球人类的食物供应。

据联合国粮食及农业组织(FAO)估计，在全球范围内，大约有 1/3 的农作物依靠昆虫和其他动物的授粉，在 100 种农作物物种的授粉工作中，野生蜜蜂占了 71%。传粉昆虫提供和保障了许多粮食作物的安全性。昆虫的授粉服务保障了人类的食物供给，如农作物、水果、坚果和蔬菜等。同样，有证据表明，授粉不足或低授粉活动会导致作物产量下降或歉收。

人类和动物是一个共存体

保护动物可以保持地球上的生物多样性,保持地球上的生物多样性可以维持地球的生态平衡,这样人类才能生存得更好。

地球生态系统是一定空间内生物成分和非生物成分通过物质循环和能量流动相互作用、相互依存而形成的一个生态学功能整体,人类只是其中的成员。地球生态系统是由非生物成分加上3种生物成分组成的。3种生物成分分别是生产者、消费者和分解者。

生产者一般是绿色植物、蓝藻和光合细菌与化学能细菌。它们是生态系统中的自养成分，通过植物的光合作用把环境中的无机物合成为葡萄糖、淀粉、脂肪和蛋白质等有机物，并把太阳能转化为化学能贮藏在有机物质中,为地球上的一切生物提供生存的物质和能量。

消费者包括植食动物和肉食动物。它们不能利用太阳能制造食物,只能直接或间接地依靠植物生存。

分解者一般来说是一些细菌、真菌和原生动物。它们能够把动植物的排泄物和死亡的有机残体，由有机物逐渐分解为简单的无机物释放到环境中去,被生产者重新吸收利用。分解者又叫还原者，它们在有机质降解中获得能量和物质。

在生态系统中以植物为起点，生物以吃和被吃的关系，形成一个能量和物质流通的系列，这个系列叫食物链。我们把上述3种生物之间的关系称作："植物生产—动物转化—微生物还原"食物链原理。常见的是若干个生物种群有规律地结合在一起，形成一个多生物种的生物体系，也叫生物群落。生物群落是生物对环境的适应和生物种群之间相互适应而形成的有规律的组合。1种生物灭绝，会引发10多种其他生物灭绝。

保持生物多样性的作用有：

①为人类提供食物来源。人类的主要食用的作物、家禽、家畜均源自野生祖型。

②为人类提供药物来源。发展中国家80%的人依靠以野生动植物为来源的药物治病，发达国家40%以上的药物依靠自然资源。

③为人类提供各种工业原料。如木材、纤维、橡胶、造纸原料、天然淀粉、油脂等。

④保存了物种的遗传基因，为人类繁殖良种提供了遗传材料。用多样性的生物基因作为外源基因，可培养出更多、更有价值的生物新品种。

知识的复习与拓展

人类失去了动物与植物也不可能独自活在世界上，学习了本章的知识，你是否与我有同样的感受呢？保护环境也要从小事做起，从你我做起！那么努力想成为环保达人的你，能回答出下面这些问题吗？

1. 如果世界上只有人类会怎样？

2. 蚯蚓对土壤具有哪些积极作用？

3. 地球生态系统整体由哪 3 种生物成分构成？

如果你熟读了本章知识，你一定能回答出来的！

微生物与环境保护

微生物是包括细菌、病毒、真菌以及一些小型的原生动物、显微藻类等在内的一大类生物群体，它们个体非常小，却与人类关系密切。

微生物与人类的生产、生活和生存息息相关。如酱油、醋、味精、酒、酸奶、奶酪、蘑菇这些食物，还有皮革、纺织品、石化产品这些工业产品，再如抗生素、疫苗、维生素、生态农药等都是依赖于微生物而制造的。

微生物在矿产探测与开采、废物处理等各种领域中也发挥着重要作用。如果没有微生物的帮忙，众多生物就会失去必需的营养来源，植物的纤维质残体就无法被分解而无限堆积，自然界当前的繁荣与秩序或人类的产生与维续就无从谈起。

此外，微生物对地球上气候的变化也起着重要作用。许多微生物直接参与了温室气体的排放或吸收，也有很多微生物可以成为未来的生物燃料。

制作鸟儿的住所

活动实践步骤:

1. 在学校之外建立一个鸟类观察中心。

2. 与其他同学一起用塑料壶做一个鸟的饲料桶。

3. 找一本观察鸟类的指导书,或与当地的野生动物组织联系,然后确定在你们的容器里都盛放哪种类型的鸟食。

4. 把这个饲料桶挂在邻居的宠物(猫或狗)够不到的地方。

5. 在附近放一个装满清水的盆子,用来供给小鸟们喝水与洗澡。

6. 定期补充鸟儿所需的食物和水。

7. 每天记录光临你们观察中心的各种鸟类,看看它们都喜欢什么样的食物,它们之间是否相互影响。

8. 写一份观察报告,可以交给老师,也可以与有共同兴趣的同学一起讨论。最后写下你的感想。

●好玩的动物

今天我去动物园了！
有什么好玩的动物吗？
你猜猜看！
机器猫！

●如此环保

保护环境是人类的责任！
所以我刚才就做了一件环保的事！
我看公园里的花没人管理太可怜，就摘回来自己养！

●节约资源

要节约资源，不要浪费！
我知道啊！
所以……
吃饭的碗 2 天都没洗！节约水资源嘛！

●动物喜欢什么

你知道动物们喜欢什么吗？
食肉动物喜欢吃肉，食草动物喜欢吃素，其他我就不知道了！
不对，动物最喜欢别人给它抓痒，因为它自己够不到！

第2章
稀有动物的集体照

地球上目前有许多珍稀物种，它们或是被大自然所淘汰，或是被人类大量捕杀。不论你如何看待这些动物，它们都处于即将消失的边缘，那么我们人类是否应该做些什么来挽救它们的命运呢？

搜集更多稀有动物的集体照

课题目标

寻找你认为是稀有动物的物种，然后把它们的图片收集下来，通过它们的经历，提出保护濒危物种的建议。

要完成这个课题，你必须：

1.与你的家长或伙伴一起合作。

2.了解稀有动物有哪些种类。

3.明白这些稀有动物的形态特征、生活习性。

4.身体力行，提出你的好建议。

课题准备

可以与你的伙伴上网了解相关知识，查询相关数据。也可以和家长、好伙伴一起到动物园进行实地考察。

检查进度

在学习本章内容的同时完成这个课题，为了按时完成课题，你可以参考以下步骤来实施你的计划。

1.到动物园了解稀有动物的情况。

2.上网查找稀有动物的形态特征和生活习性。

3.列出几种稀有动物的资料。

4.制订一个保护稀有动物的计划。

总结

本章结束时，可以和你的伙伴一起向父母、老师展示你们的环保成果。

延伸阅读

达尔文曾经说过："适者生存，物竞天择。"这句话没有说错，但是人类以自己的优势去干扰自然界中其他应该生存的物种这就是一种错误的做法。因为每一种物种的存在都有它的道理。它们对大自然的生态平衡和环境变化都起着巨大的作用。

动物界中的活化石

在中国，只要一提到大熊猫就知道它是国家一级保护动物。为什么国家要保护大熊猫呢？

大熊猫是一种中国的古老物种，它们生活在人迹罕至的大山中，数量十分稀少，喜欢独居，并且很少被人类发现。根据大熊猫化石推断，大熊猫的祖先出现在 200 万 ~800 万年前，在距今 50 万 ~70 万年前是大熊猫繁衍的鼎盛时期，当时的大部分动物都相继灭绝了，只有大熊猫存活了下来，并保持着远古的特征，所以被人类称之为“活化石”，它们为人类研究古生物提供了很好的帮助！

在 20 世纪 60 年代到 80 年代，森林遭到大规模的砍伐，导致大熊猫的生活家园从 3 万 1450 平方千米锐减到 1 万 3921.52 平方千米，减少面积达到 1 万 7528.48 平方千米，减少面积占原栖息地面积的 56%，使得大熊猫的数量急剧减少。

除此之外，大熊猫自身的繁衍能力低下，导致物种增长的速度很慢。一般大熊猫一生才能够生育几个后代，通常情况下，每 2 年才繁衍 1 次，1 胎只能够生 1 只幼仔，即使在保护得很好的情况下也需要几十年才能够繁衍很少的几只。保护大熊猫是我们的义务，只有维持生物的多样化发展才能够使地球平衡发展！

已灭绝了的白鳍豚

白鳍豚是一种生活在长江流域里的小型鲸类，这又是一个濒临灭绝的动物。白鳍豚曾经被人们称为“江神”，这源于我国古代的典籍中有一本叫做《尔雅》的书籍，曾记载过白鳍豚，书中称其为“江神”，可见白鳍豚很早就和人类认识了。可是人们近阶段发现曾经活跃在长江流域中的白鳍豚已经慢慢地淡出了视线。这究竟是为什么呢？

人类的无知正在扼杀着大量的物种，致使其濒于灭绝。这会带来很可怕的后果，并不是少了 1 个物种那么简单，因为每一个物种的存在都和地球的发展息息相关。白鳍豚在地球上是一种比大熊猫还要古老的物种，它已经在地球上生活了 2500 万年，是我国一级保护动物。它对仿生学、生理

学、动物学和军事科学等都有很重要的科学研究价值，也是我国特有的水中哺乳类动物。

这个物种从20世纪50年代后就变得极为罕见，究其原因主要是人类所造成的。首先，人类对于河流里的生物进行了大规模的捕捞，使得白鳍豚的食物逐年减少，经常出现饿死的现象；第二，人类对于长江流域的环境改造，让白鳍豚生存的环境也出现了恶化，导致很多白鳍豚的生活范围变小；第三，人类的生活垃圾和纸品、药品制造排泄出来的废水流入了长江，让整个长江流域的水质发生了严重污染；第四，人类的交通设备比以往变得更为发达，经常会有涡轮或者螺旋桨打死打伤鱼类现象；最后，白鳍豚也如同大熊猫一样，生育能力低下。在2000年，据人们调查发现，白鳍豚的数量可能只有20只左右。这种生物以倒计时的速度跟人类做最后的告别。终于，在2007年科学家宣布了白鳍豚功能性灭绝，以后这种动物只能够在纪念册上出现了。

我们应该意识到保护环境的重要性，只有全世界人民共同携起手来，保护长江，保护我们赖以生存的家园——地球，人类和动物才能长久地和谐相处！

工程建筑师河狸

延伸阅读

经过研究，科学家发现了河狸对于保护生态环境的重要性。河狸修建的河坝能够形成池塘和湿地，有利于保留水资源。此外，河狸自身生存的池塘能够有效地保留地下水。而池塘四周的树木和植被往往能够茂密生长，所以生物的多样性也能够得到有效提升。

在动画片里经常会出现很多夸张的画面，有一种动物用尾巴变成了螺旋桨，然后坐在一块木头上飞快地朝前行驶。动画片中显然是把这种动物戏剧化了。我们这次要说的就是这种动物，唯一的一种除了人类外自己的建筑对环境产生影响的动物——河狸。

河狸建筑大坝是为了创造一个优良的生活环境，它们在水中非常机敏，但是在陆地上就显得力不从心。如果在水的附近创造一个栖身的好环境，就像一个包围着它们的天然壕沟，那么它们就不再害怕受到其他动物的袭击。它们的生活使自然界发生了很大的改变。它们修建的水坝不仅对它们自己有帮助，而且

对于其他动物的保护也起到了一定的作用。在欧洲，一些河狸的修筑工程有效地保护了沼泽地。

人类大量猎杀河狸的主要原因是想得到它的皮毛，因为河狸的皮防水性能极佳。河狸遭到人类无情的扼杀，野生河狸从此以后消失在人们的视野中。

如今，人类已经注意到了这点，正在积极地保护野生河狸。在人类的保护下，通过人工培育和放养，几乎灭绝了近 5 个世纪的英国野生河狸又重新回到了大自然的怀抱之中，并且开始繁衍。

母河狸产生的自身分泌物叫河狸香，河狸香里含有水杨酸，是药物阿司匹林中的一种活性成分。

无家可归的北极熊

在茫茫的北极大陆上，除了冰天雪地的严寒和无边的寂寞，在那里生存的动物少之又少，然而，那里却生活着一种大型的食肉动物——北极熊。

北极熊身形巨大，极为凶猛，由于自身的优势一度站在生物链的顶端，控制着北极的生态平衡。海豹和一些大型鱼类都经常被北极熊捕食，甚至小型的鲸鱼北极熊也不放过。

尽管它维持着北极的生态平衡，但是也遇到了很大的麻烦。

自从人类的脚步到达了这个冰雪覆盖的大陆后，北极熊的生活发生了变化。因为人类对于大型动物皮毛的喜爱，有很多北极熊死在了猎人的手里。

北极的冰山开始慢慢融化，北极熊的老家也变成了汪洋大海，使得它们无家可归。

这种全球性气候变暖的严重话题摆在我们眼前，人类的朋友北极熊成了受害者。科学家预言，21 世纪末气温提升到一定的高度时，北极熊的

生存环境将会被彻底毁灭。到那时，只能在动物园里看见北极熊了。同时，北极地区气候变化所产生的后果还将反作用于气候系统，引起全球的气候变化，北极冰川所储存的大量淡水注入海洋将使海平面上升，海冰的大量融化使得北极地区反射太阳光的能力减弱，这也将进一步引起气温变暖。所以我们要携起手来保护地球，减少二氧化碳的排放。

不要让北极海面继续升高，给北极熊也给我们自己营造一个好的生活环境。

为了获取食物，北极熊有时要在海中进行远距离的游泳，有时甚至要游100千米。虽然北极熊是游泳高手，但是在海上的恶劣环境中，尤其是大风和巨浪使得它们经常筋疲力尽，往往会使它们在寻找食物的途中淹死在海里。

延伸阅读

老虎遇到猎物时会伏低身子，寻找掩护，慢慢潜近猎物，等到猎物走进攻击距离内，就突然跃出，攻击猎物背部(这是为了避免遭到猎物反抗被伤到)。老虎会先用爪子抓穿猎物的背部并且把它拖倒在地，再用锐利的犬齿紧紧咬住它的咽喉使它窒息，或是咬断颈椎，直到猎物死亡才松口。这种攻击方式也是猫科动物最典型的攻击方式。

虎王的退位

在中国有句老话是“山中无老虎，猴子做大王”，这原本是一句戏言，但是这句话却真的变成了现实。在我国，生存着东北虎、华南虎、科比特虎和孟加拉虎，它们的生存环境日益恶化。

生存在东北原始森林里的东北虎，在人类的大规模捕杀下，其生存状态已经岌岌可危。再加上森林被大规模地砍伐，东北虎的栖息地被一步步地侵蚀，而偷猎者时不时地进行偷猎，最后，这种老虎仅存于中俄边境，目前的野生东北虎数量不足20只。

东北虎是体形最大的猫科动物，主要分布在中国的东北部、俄罗斯的西伯利亚地区和朝鲜的北部。在动物界中，它站在食物链的顶端。除了人之外没有任何天敌。在以往的岁月中，东北虎在大自然的生物淘汰中充当着重要角色，这对于生物平衡起着很大的作用。然而，由于东北虎的自身价值很大，除了皮毛之外，人们认为虎肉可以治病，虎骨也可以入药，这就形成了一个充满金钱罪恶交易的市场，不少的偷猎者不惜冒着生命危险也想去捕杀东北虎。

老虎终于在人类的无知面前败下阵了，山中从此再无老虎。动物们看起来似乎可以过太平日子了，实际上真的是这样的吗？这种局面就如同没有了狼，羊会疯狂地生育，最后把草地大面积地毁灭，生态环境就会恶化。没有了东北虎，在大森林里的其他动物就没有了天敌，这就会破坏食物链的平衡，导致一些动物的物种繁育过多，从而破坏生态环境。因此，保护老虎势在必行。阻止一切盗猎活动，保护野生动物，人人有责。

知识的复习与拓展

阅读了本章的各种环保小故事，你应该对人类如何保护环境、如何维护生态平衡有了更深刻的理解吧！顺便考你几道小问题，看你是否对本章的内容掌握达到了耳熟能详的程度，是不是个无所不知的环保小达人。

1. 为什么连身为百兽之王的虎王也会败下阵来？
2. 北极熊的无家可归是谁造成的？
3. 白鳍豚的灭绝带给了我们什么样的警示？

灭绝了的台湾云豹

台湾云豹属于台湾地区特有的亚种猫科动物，也是台湾最大型的野生动物之一。云豹全身淡灰褐色，身体两侧约有6个云状的暗色斑纹，这也是它之所以叫云豹的原因。身体两侧的深色云纹是很好的伪装，使它们在丛林里生活时，很不容易被人发现。

台湾云豹在1940年以前尚有几千只，但由于台湾地区的人发现云豹的皮毛美观大方，毛质柔软并富有光泽，是制作皮衣的上等原料，而云豹的骨头也被人当作中药材，台湾云豹因此被大量捕杀，遭到了灭顶之灾，此时正是台湾现代工业社会迅猛发展的时期，森林被大量砍伐，云豹失去了家园，终日食不果腹，许多被饿死了，还有些饥不择食的云豹被放有毒药的食物毒死了。

1983年，在原住民猎人的陷阱中发现了一只已死亡的幼豹，从此之后再也没有发现云豹的踪迹。很明显，云豹已经永远离开了我们。

灭绝动物时间表

通过查阅图书馆的资料、观看电视节目了解已经在世界上灭绝的动物。把它们全部记下来制作成一个时间表，然后展示给同学们看，还可以全班讨论。

这里先给出几种已灭绝了的动物作为参考，可以按照名单上的动物搜索它们的事迹，也可以找名单中没有提到的动物，独自调查。

灭绝动物大名单：

渡渡鸟

恐鸟

中国犀牛

斑驴

白鳍豚

●万兽之王

老虎是万兽之王！
却还没有老鼠厉害！
这是为什么呀？
你不知道十二生肖，老鼠排在老虎的前面吗？太不公平了！

●灭绝

稀有动物就是快要被灭绝的动物！
你知识真渊博！好崇拜你！
这都不知道，真笨！
你想被灭绝吗？

●吃草

一会儿电视上播放《动物世界》，咱们一起看呀！
我还要买菜！
看完再去买菜吧！
那你晚饭就等着跟兔子一样吃草吧！

●什么人最坏

捕杀被保护动物的人真是太坏了！
比你还差一点点！
你是连作业都不借我抄的大恶魔！

第3章

如何拯救我们的动物朋友

一些濒临灭绝的动物正急需人类的拯救，但是我们必须找到合适的方法才能取得事半功倍的效果，对它们保护过度有时反而会伤害它们或它们周边的物种，所以采取科学的方式才是最重要的。

寻找拯救动物们的方案

课题目标

发挥你的调查才能，寻找拯救动物们的方案，并身体力行实施你的环保小建议。

要完成这个课题，你必须：

1.和家长、老师或者好朋友一起合作。

2.寻找急需被拯救的动物。

3.提出拯救它们的合理化建议。

4.身体力行，和朋友们一起做环保小卫士。

课题准备

可以与你的好朋友上网了解濒危动物的知识，可以通过看电视了解相关动物的被保护程度。

检查进度

在学习本章内容的同时完成这个课题。为了按时完成课题，你可以参考以下步骤来实施你的计划。

1.查出这些动物们濒临灭绝的原因。

2.了解它们现在的生存状态。

3.列出保护它们的环保小计划。

4.实施行动，做一个环保小卫士。

总结

本章结束时，可以和你的朋友们一起向父母、老师展示你们的环保成果。

大猩猩们的集体迁移

延伸阅读

由于原来的茂密森林不复存在，大猩猩非常容易被偷猎者发现而成为猎杀对象。在50年前全球拥有200多万只大猩猩，但是目前幸存的只有40余万只。动物专家警告说，除非目前的趋势得到扭转，否则大猩猩的数量将会越来越少，有可能在30年内走向灭绝。

随着现代化机械设备的更新换代，越来越多的森林成为了人类获取资源的场地，生活在其中的动物们被迫离开。人类的近亲，具有高智商的动物——大猩猩也不能幸免，只能背井离乡，远遁他乡。

目前所知道的大猩猩种类有4个：东部低地的大猩猩，西部低地的大猩猩，克洛斯河大猩猩和山地大猩猩。这些大猩猩的亚种都生存在非洲西部和中部的山地和热带雨林中，不同的是，由于所处的环境不一样，身体形状和毛发稍

有区别。但是,它们所遭遇的情况却完全一致。已如前面所说,人类在进行着的商业性砍伐和不断地发展农业造成大猩猩的生存面积越来越小。

2008 年，喀麦隆政府成立了全球第一个专门为保护大猩猩的保护区——开格维尼大猩猩保护区。这个保护区主要保护的对象是克洛斯河大猩猩。克洛斯河大猩猩现在的数量总量在 300 只以下,分散在喀麦隆和尼日利亚的 11 个地区。当地的人民由于受到信仰保护了大猩猩,他们认为大猩猩是人类的近亲,因此不能够猎杀。为了配合当地新建的保护区,有关野生保护协会为动物服务所提供了所需的资金。大猩猩在人类的保护下,逐渐恢复了元气。

卢旺达地区以拯救灵长类动物为宗旨，他们把原来的错误思想转变成了一个新的点子,就是利用大猩猩来开发旅游业。这项活动进行得十分顺利,大猩猩的数量也开始有所回升!

丹顶鹤之歌

延伸阅读

我国在1979年建立了第一个保护丹顶鹤的自然保护区——扎龙野生保护区。保护湿地不受到破坏，加强保护区内的林网建设，为丹顶鹤的繁殖提供保障。

传说中的仙鹤，就是丹顶鹤，它是生活在沼泽或浅水地带的一种大型涉禽，被冠以“湿地之神”的美称。丹顶鹤与生长在高山丘陵中的松树毫无缘分，但是由于丹顶鹤寿命长达50～60年，人们常把它和松树联系在一起，作为长寿的象征。

到了近代，很少有人去关注丹顶鹤的生存状况了。它们的生存环境在人类的开发中越来越恶劣，生存的湿地范围也越来越小，再加上气候的变化，干旱和洪水以及食物的来源等问题，致使全世界的仙鹤总数锐减。人们认识到自己的错误，采取了各种措施保护丹顶鹤。

1994 年，全世界的丹顶鹤总数为 1200 只左右，现在科学家预测大概为 2000 只，而我国就有 1000 只左右，占 50%。

丹顶鹤在湿地环境中处于食物链的上层，是湿地生物多样性的关键物种。丹顶鹤生活在湿地中，人类对湿地不合理的开发让湿地变成一块块的板块，丹顶鹤的生存环境逐渐恶化。另外，它们的很多食物来源被污染，导致丹顶鹤的数量又大幅减少。到了最后，它们只能成为书上所描述的传说中的动物。然而，我们都不希望这样的悲剧发生。

我们该怎么去保护这些漂亮的仙鹤呢？一方面，要大力提高保护丹顶鹤的宣传力度，对迫害丹顶鹤的行为给予重罚，加深人们关爱动物的意识。另一方面，要保护好丹顶鹤的生活栖息地，还原一个真实的湿地，让丹顶鹤重新飞翔在这片蓝天下。这是我们任重而道远的责任！

丹顶鹤在我国目前的状态并不是很好，尤其是一些报纸上经常报道一些丹顶鹤成为了某些餐厅的下酒菜，这反映出个别人环保意识淡薄，对保护野生动物缺乏足够的认识。

雪山的呼唤

延伸阅读

大头羊喜欢开阔、干燥的沙漠和大草原。它们嗅觉灵敏，不易接近。采食或休息时常有1头成年羊在高处守望，能及时发现很远地方的异常，当危险来临时，即向群体发出信号。它们能在悬崖峭壁上奔跑跳跃，来去自如，而且极耐渴，能几天不喝水，冬天没有水就吃雪解渴。

在700多年前，意大利的冒险家马可·波罗在途经帕米尔高原时，有一种动物吸引了他的目光，这种动物长着一对漂亮的大角。在1836年，一位英国的博物学家证实了这种动物确实存在过，并且把它命名为“马可·波罗盘羊”。

盘羊，人们又叫它为大角羊，它们是世界上体形最大的野生羊类。羊角巨大，像一个海螺形状。大角羊体长150~180厘米，肩高50~70厘米，体重110千克左右。大角羊因为有双能存储氧分的神奇大角，所以能生活在海拔3500~5000米的帕米尔高原上恶劣的环境下。

如果鹿不长角，虎无虎皮，也许它们受到的伤害会少很多，就是因为大角羊长着一对美丽的大角才成了狩猎者的下手目标，进而被逼向绝路。2008 年，一场大雪在帕米尔高原上落下，高原上的很多动物都遭了灾，马可·波罗盘羊的境遇也更加让人担心。首先，这些动物们体形较大，在雪中寻找食物十分不便，被饿死的可能性增大。新疆塔什库尔干野生动物保护站的人员每人背负着 30 千克的苜蓿，步行 20 千米，将草料及时送到了这些动物出没的地方。

帕米尔高原的野生动物面临着严重生存危机的消息传出后，立即引起了社会各界的广泛关注。2005 年 10 月 22 日到 11 月 23 日，国际野生生物保护学会与新疆野生动物保护协会联合考察队对新疆的马可·波罗盘羊的主要分布区做了实地考察。考察结果令人感到欣慰，原先 20 世纪 80 年代发现的 150 只盘羊有了较大的增幅，在塔什库尔干地区就发现了 970 多只盘羊。

马里亚纳狐蝠

在西方世界中，蝙蝠代表着吸血鬼，是邪恶的象征之一，因此遭到人们的反感，不少人一见到蝙蝠就会猎杀。

在北马里亚纳地区，狐蝠是当地的原始生物。它飞翔在黑夜里，是当地土著文化的一部分。可是，近年来，人们对它的迫害加剧，使得原本遍布马里亚纳的狐蝠数量迅速减少。在1978 年调查的时候还有将近 50 万只，可是到了 2000 年，调查后的结果显示北马里亚纳群岛只剩下 4500 只左右的狐蝠了。再这样下去，狐蝠也将成为濒危物种。

其实狐蝠对当地的贡献很大，并不是人们说的那样邪恶。在当地有一种树叫做菩提树，狐蝠最喜欢吃树上的果实，当它们吃完果实后就会帮助菩提树传播种子，可谓是对当地的生

延伸阅读

2005 年 1 月份，马里亚纳狐蝠被美国鱼类和野生生物部门正式从濒危灭绝动物提升到受威胁的动物级别。这充分表明，马里亚纳狐蝠的数量正在稳步上升。告别了黑暗的夜晚，蝙蝠不再是恶魔的化身，而是人类身边的朋友。我们想保护一种动物就必须认识到这种动物对当地的环境所起到的作用，放下手中的猎枪，走到爱护野生动物的行列中来吧。

态系统做出了不可忽视的贡献。

后来人们终于理解了狐蝠。于是，当地政府就把对蝙蝠的狩猎季节缩短，以前是 12 个月，后来改为 10 个星期。不过，狐蝠的数量还在下降。到了 1981 年，美国把几乎灭绝的狐蝠作为美国政府保护物种。同时，把在关岛的狐蝠保护了起来。关岛的野生生物庇护所专门给狐蝠划分了一块面积达 1700 公顷的地方作为保护区，而且派专门的野生保护人员对马里亚纳地区的狐蝠进行人工繁殖。这些保护措施终于在一段时间后收到了成效。

野马的世界

在大自然中，生活着原始的生灵，它们本该无忧无虑地在旷野中奔跑，不受任何约束。

在 1878 年，俄国的一名军官普热瓦尔斯基率领一支探险队曾经 3 次进入准噶尔盆地奇台至巴里坤的沙丘河、滴水泉一带，他们费尽千辛万苦只是为了采集一种野马的标本。这种野马在后来被俄国的学者波利亚科夫正式定名为“普氏野马”。

普氏野马出没于荒漠戈壁之间，它们的生活条件十分恶劣，在缺乏水源的情况下，还要遭受暴风雪和低温天气的打击。人类的猎杀和对它们栖息地的破坏更快地加速了它们的灭绝。

1947 年，蒙古西部曾经抓到过 1 匹，可是后来就再也没有找到过。

现在，普氏野马早已成为我国一级保护动物。在我国，相关的考察队在 1974 年、1981 年和 1982 年曾经 3 次在准噶尔荒漠、乌伦古河、克拉麦

在 20 世纪，野马的分布急剧减少，数量锐减。

里山等地实地考察，没有任何发现。在1986年后，中国从国外引进了18匹圈养的野马，开始了野外放生的计划。

为什么会实行野外放生呢？在2000年，野马繁殖中心的1匹盛年母马准噶尔一号死于难产，主要就是由于摄取食物过多，导致发胖引起的。因此，人们认识到让这些野马回到大自然中才是提高种群存活的唯一出路。

在2001年曾经野外放生过野马，由头马带路。因为天气的原因，在途中天降大雪，气温寒冷，1匹小马冻饿而死，剩下的野马遭遇了野狼，发生了惨烈的格斗，母马被野狼吃掉。最后，剩下的马匹被送回繁殖基地。头马也因失去母马，在悲愤交加中死去。

还好，第2次的野外放生终于见到了曙光。第2次的头马在顶住了野外的恶劣环境后，艰难地站住了脚跟。到目前为止，野外放生的野马已经有45匹，分属于4个群体。人类的付出终于有了收获。我们期待着这种大自然的精灵会繁衍旺盛，在草原上自由地奔腾！

知识的复习与拓展

到此为止，本章知识的学习就告一段落了，你一定对保护生物生存环境的方法有了前所未有的了解，下面就让我来考考你吧！

1. 普氏野马的生活环境是怎样的？
2. 马里亚纳狐蝠经历了怎样的从濒危到重新增长的转变呢？
3. 马可·波罗盘羊有什么奇异的特点呢？

新疆北鲵

新疆北鲵是珍贵的有尾两栖类动物，是天山和阿拉套山抬升时存活下来的孑遗动物，有“活化石”之称。2.5 亿年前，新疆北鲵在准噶尔盆地的水域中曾有广泛分布，但目前只分布于中国新疆和哈萨克斯坦共和国交界处极狭窄的范围内。因这一物种极为珍稀，已被列入“世界自然和自然资源保护联盟红皮书”和“中国濒危动物红皮书”。

由于偷捕和牲畜对北鲵栖息地的踩踏，北鲵数量由刚发现时的 8000 尾，一度急剧下降到不足 2000 尾。新疆北鲵对水环境的依赖性很强，生活在山谷里的浅水、干旱或者洪水中都可能使其种群灭绝。生存环境恶化及人为干扰，破坏了北鲵的栖息地，使得这些小动物一直处在十分危险的状态。

2009 年，新疆温泉县加大对北鲵栖息地各种基础设施的建设，还投资 40 多万元修建引水工程，把附近阿拉套山的雪水引入苏鲁别珍等 4 处新疆北鲵栖息地，使北鲵种群能安全越冬，有效地解决了影响这一濒危物种生存的环境变化问题。

发生了什么变化?

请采访年长的家庭成员或在你们家附近住了多年的人,请他们说说:这一带长期以来发生了什么变化? 是否以前的草地现在变成了马路或建造了房子?有多少农田、公园或土地荒废了?写一份采访总结。最后,你能否将这些变化分类吗?

请使用下面表格进行采访记录:

姓名	出生年月	居住地	30 年前居住地的样子	30 年后居住地的样子	感想

●同类相残

类人猿是人类的祖先！
猩猩也是猿类动物，可它们被人类捕捉！
古诗说得好……
本是同根生，相煎何太急！

●原来如此

你怎么了？
唉！
坐井观天的青蛙为什么不跳到井外面呢？
中午可以吃蛙肉了！
哦，原来是怕人吃它们啊！

爱护动物

有什么事？
我养的鸟呢？
你说要爱护动物，我就给它们自由了！

夜视眼

电视演完了，快去睡觉吧！
好吧！
我要是像猫科动物有双夜里也能看书的眼该多好！

第4章
沉重的历史档案

这是人类环保历史上不可抹去的黑色历史。由于人类贪欲的横流，捕杀了大量无辜的动物，它们或满足了我们的虚荣心，或满足了我们的肚皮，这些都是超出允许范围的行为，已经与我们正常的生活需求毫无关系了。只有正视这段历史，人类才能在环保的道路上继续前进！

寻找捕杀保护动物的元凶

课题目标

发挥你的侦探能力，找到杀害保护动物的元凶，并身体力行地实施你的环保小建议。

要完成这个课题，你必须：

1.和家长、老师或者好朋友一起合作。

2.需要知道世界上的保护动物有哪些。

3.了解它们的生存状态。

课题准备

可以与你的好朋友上网了解相关知识，追踪元凶踪迹。可以和妈妈一起去动物园听解说员的讲解。

检查进度

在学习本章内容的同时完成这个课题。为了按时完成课题，你可以参考以下步骤来实施你的侦探计划。

1.找出这些元凶要捕猎保护动物的原因。

2.了解保护动物的生存现状。

3.人类目前反思自己的过错了吗？

4.思考保护它们的措施。

总结

本章结束时，可以和你的侦探团成员一起向父母、老师展示你们的环保成果。

云豹

已经灭绝的动物们

延伸阅读

在以前，鸟类物种大概 300 年灭绝 1 种，野生兽类 8000 年灭绝 1 种。到了 1600～1700 年，升级为每过 10 年灭绝 1 种，到了 1850～1950 年，鸟类的灭亡速度缩短为每年 1 种，今天这种灭绝速度仍然在以可怕的趋势提升。

地球上从诞生动物的那一天开始就一直演绎着达尔文所讲的物种进化故事。有很多的物种由于无法再次适应地球的环境发展而灭亡了，几亿年前的三叶虫和称霸地球几亿年的恐龙也都一去不复返了，这些都是物竞天择的结果。但是到了近代，人类进入到了工业化社会，开始大规模地使用机器，盲目地以为自己可以改造自然，把自己放在了造物主的位置上，参与了大自然的工作，物种的灭绝时间便大大提前了。

联合国环境规划署的一份报告上说，目前世界上每分钟有 1 种植物灭绝，每天有 1 种动物灭绝。这是一件多么可怕的事情。让我们来看看这些灭绝动物的清单：

1627 年波兰的原牛灭绝
1681 年渡渡鸟灭绝
1768 年史德拉海牛灭绝
1800 年恐鸟灭绝
1865 年西非狮灭绝
1870 年阿特拉斯棕熊灭绝
1880 年美国缅因州海鼬灭绝
1882 年中国白臀叶猴灭绝
1883 年斑驴灭绝
1900 年圣诞虎头鼠灭绝
1901 年澳米氏弹鼠灭绝
1908 年亚洲狮灭绝
1910 年西代狸灭绝
1915 年基奈山狼灭绝
1917 年佛罗里达黑狼灭绝
1918 年马里恩象龟灭绝
1920 年新墨西哥狼灭绝
1920 年长毛蜘蛛猴灭绝
1922 年中国犀牛灭绝
1926 年奥豚足袋狸灭绝
1927 年澳花袋鼠灭绝
1930 年北美旅鸽灭绝
1930 年新南威尔士白袋鼠灭绝
1934 年澳洲袋狼灭绝
1936 年塔斯曼尼亚虎灭绝
1937 年巴厘虎灭绝
1948 年亚洲猎豹灭绝
1950 年中国豚鹿灭绝
1964 年墨西哥灰熊灭绝
1980 年西亚虎灭绝
1983 年台湾云豹灭绝
……

如果听任悲剧继续上演，那么最后在某一年人类将灭绝！

被人类逼上绝境的精灵

从理论上讲，恐龙早在 6500 万年前就已经灭绝了，但是为什么说人类杀死了恐龙呢？因为恐龙虽然灭绝了，但是它的后裔正在进化成另一种样子。

我们经常见到的鳄鱼，它是一种和恐龙同时代的动物，从某种意思上讲，它和恐龙的身体结构有着很相像的部分。但是鳄鱼这个恐龙的近亲，近些年来已经因为自身的商业价值而被人类捕杀，它们的皮被做成了皮包和各种皮具。大量的鳄鱼死亡，使生态平衡再一次受到了破坏。

为什么人们要把动物置于死地呢？菲律宾鳄是世界上濒危灭绝的动物之一，它是一种中型鳄鱼，体长达 2.4~2.7 米，分布在菲律宾的一些岛屿上。人们进行大量的商业捕杀，不仅仅是为了得到鳄鱼的肉，还为了得到鳄鱼的皮甚至骨头。有的行为间接地破坏了鳄鱼的生存环境，让鳄鱼的食物资源减少。随着栖息地的破坏，整个物种的衰退就开始出现。

大部分动物的灭绝都是因为环境的污染而无法适应生存所导致的。世界上的61个热带国家，其中已经有49个国家的土地状况正在恶化，森林被砍伐，湿地被排干，草原被荒漠化，珊瑚遭到毁坏等。在亚洲，孟加拉国94%的野生环境被破坏，我国香港和斯里兰卡的80%以上的野生环境同样遭到破坏。通过我们曾经讲到的环境和生物的关系可以知道，没有了森林，就少了赖以生存的动物，没有了动物，相应的食物链就会断掉。于是，大自然的多样化变成了单一化，动物们走向了死亡的不归路！

在1995年，一次科学调查显示，全世界的野生菲律宾鳄只剩下不到100只。现在的地质环境就算没有了火山、地震等破坏环境的自然灾害，人类仍然可以改变环境而间接杀死这些大自然的精灵。

罪恶的交易

在濒临灭绝的动物档案中，有37%的物种受到了人类的过度开发利用的威胁，许多的野生动物因为自身的皮毛和药用价值被人类无情地杀戮。

在许多年前，人类还处在刀耕火种的年代，那时候由于生产力低下，人们没有御寒的衣服，就在茫茫的大地上寻找。野兽被人们打死后，人们发现野兽们的皮可以用来当衣服，随着社会不断的发展，兽皮被制作成鞋子、手套、围巾、皮带或着帽子等，时间越过了千年到了现在，人们可以用来制作衣服的材料可谓是五花八门，完全不用动物的皮毛也可以生产。但是实际情况正好相反，皮毛的经济价值反而比以前更加值钱。这些皮毛做成的衣服成了身份的象征，成了有钱人炫耀的资本。有的人不惜重金买到动物的皮毛只是为了好奇。罪恶的经济产业链由此产生。

在东南亚一带，各种肮脏的动物交易比比皆是，这里面包括乌龟肉、蛇皮等。私人野生动物屠宰场星罗棋布，分散在村庄和大城市里。在印度尼西亚苏门答腊群岛的兰都，有一处散发着臭味的私人屠宰场，每天都处理着蟒蛇和蜥蜴。这些蟒蛇全部被挂了起来，显然全部断了气。工人们往蟒蛇的肚子里灌水，然后用气泵充气，蟒蛇的肚子就会圆鼓鼓地胀起来。当阳光照过来的时候，蛇皮被照得发亮，屠夫们麻利地把蟒蛇开了膛，取出五脏六腑后，一张完整的蛇皮就到手了。在整个制作过程中，无不显出人类的残忍和贪欲。

想到这些鲜活的生灵在瞬间失去生命，相信大家的感觉不仅仅是触目惊心、痛心疾首，更会对这些人的罪恶行为深恶痛绝。因为这种行为本身，不仅仅使大量的野生动物资源被掠夺，更为重要的是，减少了珍稀动物数量，加速了珍稀动物灭绝进程，使人类的生存环境日益面临威胁。为了保护我们的环境，为了能让我们的后代看到更多的物种，您是不是也可以做点什么呢？

为加大对珍贵濒危野生动物的保护力度，2000 年我国最高人民法院通过了《关于审理破坏野生动物资源刑事案件具体应用法律若干问题的解释（下称《解释》）。只有加强打击，击碎黑色的经济产业链才能解救这些濒临灭绝的动物。

象牙在涨价

延伸阅读

一项有关象牙贸易的研究表明，中国的经济繁荣加剧了非洲大象的偷猎活动。中国南方出售的象牙制品的数量已经翻倍。很多象牙交易品缺乏合法记录，而且贸易商们没有进行过注册和登记。在广州市场出售的6437件象牙质品中，61%的交易都是非法的。

在非洲，从高空往下看去，一片黄绿色的大草原就会呈现在眼前。这里是无数动物生存的乐园，在这些野生动物中体积最大的就是陆地上的第一号大块头——大象。

大象身躯庞大，行动缓慢，性情温和，它们是非洲大草原上最古老的生灵。最初，人类和大象是好朋友，被驯化的大象帮助人类搬运沉重的物品。但是到了后来，人类意外地发现象牙这种东西不光具有观赏性和收藏性，更可以把它作为货币来流通。由此，象牙和经济利益挂上了钩。

随着象牙的价值越来越高，猎杀大象的黑暗之手所伸向的区域也越来越广。尽管有动物保护组织和警察出动保护，但是仍然挡不住受到金钱诱惑的罪恶之手的屠杀。

象牙在我国也进行着交易。虽然许多是自然死亡的大象象牙，但是很有可能被一些别有用心的不法商人利用进行不法交易。

所以，没有贸易，就不会有杀戮。你我都不去购买象牙物品，这样就形成不了经济产业链，就可以有效杜绝罪恶的蔓延。让地球上最大的动物——大象正常地生活吧！

国际象牙贸易在1990年被禁止。但是近些年来一些正常死亡的大象象牙拍卖活动仍然在几个非洲国家得到允许。

一顿饭的代价

在 21 世纪的今天，人们逐渐富足了起来，腰包逐渐鼓了的时候，人们也更贪婪了。有的人吃饭不仅仅是为了填饱肚皮，而是为了猎奇，或是为了炫耀，很多珍稀的动物都成了他们的盘中餐。在这些被吃掉的饭菜中，赫然有着一些我们熟悉的保护动物——小熊猫、黑熊、白鹭、天鹅等。

当珍稀动物变成食物被这些人送进了嘴里时，姑且不论这些动物是否有营养、好吃，光是从吃珍稀动物这一点，就可以看出部分人的丑恶行为。现在生活好了，有些人对经常吃的鸡鸭鱼肉已经失去了兴趣，转而把眼光盯到了平日里光听说而没有见面的珍稀动物的身上。我们一定要坚

希望鲸这种美丽的生物，不要成为人类的食物而从生物界中被抹去。

决制止这种行为，保护即将成为食物的珍稀动物。

在日本，每年都要大量地捕鲸。日本是一个岛国，在古代，就有着吃鲸肉的习惯。同时，日本也是世界上最大量捕食鲸的国家。现在，鲸已经成为了联合国明令禁止捕捉的动物。很多国家也都自觉地加入了保护鲸的行动。但是，日本政府从 1987 年打着“科学研究”的名义继续在海上捕鲸。澳大利亚的外长在一次新闻发布会上说：“我们反对日本对鲸的捕杀，这不是什么科学研究。”日本的捕鲸活动在西方受到一致反对，反捕鲸人士也积极地参与制止行动。

从天上飞的白鹤、天鹅、野鸭，陆地上稀有的动物犀牛、麋鹿，再到海洋里的鲸、鲨鱼等，这些动物上了餐桌，成了一些人追求所谓的“时尚”或是炫耀的资本。只是为了一时的痛快而从不关心野生动物的死活，这种恶劣的行为是要不得的。

保护“农田卫士”

近些年，在饭店里的餐桌上常常能见到青蛙肉，使好多青蛙死于非命。

你知道吗？1只青蛙1天可以吃掉的害虫少有五六十只，多则上百只呢！照这样算，1只青蛙1年至少要吃1.8万只害虫。农民伯伯亲切地称青蛙是“农田卫士”。如果你捕杀了1只青蛙，就等于让几万只害虫逃之夭夭，这些逃走的害虫数量可不少呦！

如果过度地捕杀青蛙，会使青蛙的数量变得非常稀少，甚至绝种，到时候谁来捉害虫，谁来保护我们的农田和庄稼呢？所以我们不能捕杀青蛙。

不仅青蛙是益虫，就连它们的幼虫蝌蚪也是益虫。1只蝌蚪1天可以吃100多只蚊子呢！假如1亩(1亩约为666.7平方米)田里有400只青蛙，那样农民伯伯就可以不喷洒农药了，我们也可以吃到无公害的绿色蔬菜了。这样，不仅庄稼长得好，生活用水也不会受污染……对我们人类来说是多么大的贡献啊！

让我们大手拉小手，一起保护可爱的“农田卫士”青蛙吧！

绘制你的生态地图

实验步骤：

请拿一张当地的地图，和家人一起，识别这块区域中的所有城市、镇或国家公园、保护区。编制一本生物栖息地的区域旅游册，描绘本地的生物栖息地情况，找出公园或保护区内的濒危物种或受威胁物种，并附上这些物种的照片。

实践活动：

查阅图书馆的资料或通过环境保护组织寻找你所在地区有什么动物已经濒危或受威胁。

成果展示：

在展示中，应能清晰地描述你所观察地区生物多样性的情况，通过观察你的地图，有什么发现最令你惊奇？哪些部分是最难的？如果再一次对这个课题进行研究，什么东西对你来说是最难的？

●占位

●误会

●环保志愿者

别打扰我，我正在下决心！
好，我决心要参加保护动物志愿者活动！
你不行的！
除非把你家的貂皮大衣给我！

●借橡皮

借我橡皮用用！
不能借给你，这违反了环境保护法！
借个橡皮还犯法？
大象也是被保护的动物！象皮是不能借的！

第5章

与动物朋友能够和平相处吗?

在地球上,不光有我们人类生存,还有动物和植物朋友,如何与它们和睦相处,是我们人类越来越要思考的问题。

寻找和谐相处的事例

课题目标

发挥你的调查能力，找出身边人与动植物和谐相处的事例，并身体力行地实施你的环保小建议。

要完成这个课题，你必须：

1.和家长、老师或者好朋友一起合作。

2.需要知道你居住地附近有哪些动植物。

3.了解这些动植物的特性。

4.身体力行，和朋友们一起做环保小卫士。

课题准备

可以与你的好朋友上网了解人类与大自然如何才能和谐相处。可以观看学习一档名为《人与自然》的科教纪录片。

检查进度

在学习本章内容的同时完成这个课题。为了按时完成课题，你可以参考以下步骤来实施你的调查。

1.找出你身边生活的植物与动物。

2.了解它们是如何在这种环境中生长的。

3.看看它们与人类之间的关系是积极的还是消极的。

4.把积极的事例记录下来。

总结

本章学习结束时，可以和你的侦探团成员一起向父母、老师展示你们的记录，并做出讲解。

延伸阅读

亚丁风景区位于四川甘孜藏族自治州南部，地处著名的青藏高原东部，横断山脉中段。其海拔高度为 3750 米，属高原季风气候，绝大多数时间天气晴朗，阳光明媚，山清水秀，自然风光优美，它的景致保持着在地球上近绝迹的纯粹，尤以古冰体遗迹“稻城古冰帽”著称于世。

身份的转变

在四川省甘孜州南部稻城县日瓦乡境内，有一处美丽的绿色生态家园，这里的面积为 6.84 万公顷，以仙乃日、降边央、夏纳多吉 3 座雪峰为核心区。这里由北向南分布，被国际友人们称为“水蓝色星球上的最后一片净土”，它就是亚丁山风景区。

曾几何时，亚丁山不是今天的这样。原先，当地人的生活条件和经济来源十分短缺。于是，人们为了改善生活状况，来到山里打猎和采集虫草、松茸。久而久之，动物资源和植物资源遭到了大面积的破坏。人们不得不放弃这种短期的经济行为，开始去努力寻找一条绿色的致富之路，希望在不破坏大自然的情况下获取足够的经济收入。

国家出台了退耕还林的补贴政策，同时随着旅游业热潮的出现，当地人通过接待各地的游客获得了丰富的经济收入，旅游已变成一条绿色的经济产业链。当地人把干旅游业的人称为“亚丁马夫”。随着旅游业的迅速发展，旅游人数不断攀升，有些素质低下的游客会在山里乱扔垃圾，亚丁马夫们吸取以往破坏大自然带来的教训，都会主动地承担起收集垃圾的任务。在乡里还有专门设立的垃圾处理厂。平日，亚丁马夫们给马戴上了“口罩”，不让马吃掉路边的花朵和青草，避免它们破坏环境。

目前，在这片美丽的原始生态景观中，辛勤的亚丁人用自己的双手去创建幸福的明天。同时告诉人们，身份的转变，让人类知道只有和大自然和睦相处才会有美好的未来！

小心，有熊！

随着人类对自然环境破坏的加剧，很多动物已经没有了家园。不得不在外边到处流浪，一些动物为了食物甚至进入到了人类世界，随之而来的就是动物和人类的冲突。

在西藏羌塘地区的野生动物数量逐渐增多，人口和家畜的数量也在不断地增加。当地居民的生活范围和野生动物的活动区域出现了重叠，经常会发生有棕熊在村中伤人和捕捉家畜的事件。

在 2008 年 5 月，羌塘西德镇牧民扎加向镇政府报告了有熊来袭击他家的事情。那是 1 头棕熊，破坏了他家的门窗和许多生活用品，甚至把房子旁边的帐篷也踩烂了。不但如此，这头棕

熊仍然在他家附近徘徊。镇上的领导叫上了会照相的工作人员阿穆一起去现场收集证据。谁知道，棕熊看到了阿穆后，把阿穆也给打伤了。这件事情升级到人和当地动物的冲突，已成为当地政府要面对的首要问题，剩下的思考就是如何在不伤害野生动物的条件下和这些大家伙和平共处？最后，大家决定安装金属网栏，保护受到棕熊袭击的房屋和羊圈。经过一段时间，发现防熊的围栏起到了很好的效果，只有很少的羊损失，当地居民和熊的冲突明显减少。这样，一方面保护了熊，另一方面也减少了熊对人和家畜的伤害。

人类要主动做出让步，把更多的绿色环境让给动物，还动物们一个绿色的生态家园。我们相信，只要合理地规划用地就能够解决人和动物相冲突的事情！

棕熊防护示范工作组是由中国—欧盟生物多样性项目人员、当地的顾问、地方林业部门和农牧局干部、当地乡村干部组成的。

一个民族的觉醒

延伸阅读

赫哲族是中国东北地区一个历史悠久的民族，是中国北方唯一的以捕鱼为生、用狗拉雪橇的民族。

经过训练的狗，每只可拉70千克左右的重物，日行100～150千米。狗是赫哲人的好帮手，它们在运输、狩猎、看家、保护主人等方面发挥着重要的作用，故历史上赫哲人又被称为“使犬部”。

赫哲族是我国东北地区的少数民族之一，他们住在黑龙江、松花江和乌苏里江相互冲击形成的三江平原上。

很早以前，赫哲族人和大自然相处得很和谐。那时候，狩猎和捕鱼是这个民族的生存方式。他们除了以鱼肉和兽肉为食之外，连穿的衣服也是用鱼皮和兽皮制作的。这种传统延长了数千年，良好的自然环境和丰富的生物资源为赫哲族人民的生活提供了良好的保障。但是随着现代化科技的进步，赫哲族捕鱼的工具也发生了很大的改变，从表面上看起来是提高了捕鱼效率，但是实际上对野生渔业资源造成了很大的破坏。随着污染和人类捕杀的加剧，鱼类的总量很快地减少。后来，渔民们出去打捞时，常常毫无任何收获。赫哲族人的渔猎文化受到了极大的冲击，不得不思考一条解决之道。

最好的办法是寻找一个平衡点，使自然和人文的发展协调一致，在尽量不破坏大自然的前提下，还能够使传统的渔猎文化传承下去。最后，政府决定在三江平原地区设立国家级自然保护区。通过十几年的奋斗，三江地区的野生动物资源在种类和数量上有了明显的改变。当赫哲族的传统渔业发生重大转型时，当地政府利用有利的自然条件让赫哲族人转而向农耕业获取部分收入，积极引导当地群众改变原来的传统思维，重新建设美丽的新家园！

现在，赫哲族人也认识到了自己大量捕鱼的错误，转而积极响应政府引导，改变了原有的思路。

动物与植物的联系

1681年，毛里求斯。

清晨7点，天已经大亮。然而罗德里格斯岛上的森林里却突然变得可怕地寂静，所有的小动物们都屏住了呼吸。

渡渡鸟抬起头，不远处，一支黑洞洞的枪口死死地盯着它。火光一闪，枪响了，渡渡鸟应声倒下。一只卡尔瓦利亚树果从它的嘴里跌落出来，滚到一边。

法国军士托马斯·哈代把渡渡鸟挂在双筒来复枪上，吹着口哨回到驻地。托马斯先生并不知道，这是世界上的最后一只渡渡鸟。

渡渡鸟灭绝了。而目睹渡渡鸟之死的卡尔瓦利亚树也不再有种子发芽。这种可以长到30米高的巨树，因为渡渡鸟的灭绝而不再发芽。人类对此毫无感知，人类只在意它质地坚硬、纹理细密，他们拼命砍伐卡尔瓦利亚树。300年后，遍布全岛的森林之王，仅仅剩下13棵。

1981年，美国生态学家坦普尔也来到毛里求斯研究这种树木。这一年，正好是渡渡鸟灭绝300周年。坦普尔细心地测定了卡尔瓦利亚树的年轮后发现，它的树龄正好是300年，就是说渡渡鸟灭绝之日，也正是卡尔瓦利亚树绝育之时。这个巧合引起了坦普尔的兴趣，他

到处找渡渡鸟的遗骸。一天，他终于找到了一只渡渡鸟的遗骸，遗骸中还夹着几颗卡尔瓦利亚树的果实。原来渡渡鸟喜欢吃这种树木的果实。一个想法浮上他的脑际：也许渡渡鸟与种子发芽有关！可惜世界上没有渡渡鸟了，不过他想，像渡渡鸟那样不会飞的大鸟还有，吐绶鸡就是一种。他让吐绶鸡吃下卡尔瓦利亚树的果实，几天后，种子排出体外，果实被消化掉了，种子外边的硬壳也消化了一层。坦普尔把这些种子栽在苗圃里，不久，种子长出了绿油油的嫩芽，卡尔瓦利亚树的不育症被治好了，这种宝贵的树木终于绝境逢生。

原来卡尔瓦利亚树的种子藏在外壳十分坚硬的果实内，幼芽自身不能破壳而出，只有渡渡鸟是它的天然盟友。渡渡鸟最喜欢吃这种树木的种子，但并不将它完全消化，而只是使其外壳变薄，然后排出体外，经过这番折腾的种子才能发芽生长。所以，渡渡鸟与卡尔瓦利亚树是相依为命的，失去一方，另一方也无法继续生存下去。

从 1600 年到 1966 年，地球上已经消失了 164 种鸟。自然界环环相扣，一个环节的缺失将会导致怎样的连锁性灾难的发生？

了解到渡渡鸟与卡尔瓦利亚树命运相连，只是一个偶然。我们不知道，因为人类的贪婪，在自然界中，有多少悲剧已经上演，多少悲剧正在上演。请与动物成为朋友，一起快乐地生活在同一个星球上吧！

知识复习与拓展

学习了本章知识，你一定对人类如何与大自然和谐相处有了全新的认识吧，实际上如果所有的人类都可以与动物、植物和谐共存，我们不仅不会停滞与落后，还会拥有一个绿色的地球和一个充满光明的未来！下面就让我们来复习本章的知识吧！

1. 赫哲族是如何领悟到大肆捕鱼会造成环境破坏的？
2. 棕熊为何要破坏人类的家园呢？
3. 亚丁山风景区的环境经历了怎样的变化？

与动物玩耍的小女孩

法国小女孩蒂比，1990 年生于非洲的纳米比亚，从小跟随拍摄野生动物的父母在丛林中长大，她经常与野象相亲，同鸵鸟、变色龙、牛蛙、狮子、狒狒共舞，这些动物给她带来奇趣、快乐、幻想、惊险以致皮肉之苦，最终都成为她最好的朋友。她 10 岁回到巴黎，并将她与非洲各种野生动物生活在一起的动人故事编撰成书，配上她父母现场拍摄下的 130 多幅难得的图片，唤起了人们保护自然的意识。

蒂比会跟动物说话，会用眼睛跟动物交流，在和动物的交往中，她体会到“动物世界复杂得很”，她认为“害怕没有出息”，“绝不要害怕，但永远要小心”。坐在大象头上，她感觉这是世间最快乐的事；而鸵鸟的背很柔软，坐上去很舒服；变色龙是她最美的“饰品”；就连危险的豹子她也尝试着去和它接近。她说，“动物从来不凶猛，但比较好斗”，只要理解它、尊重它、爱护它，不招致它的误解，就能从动物那里得到善意的回报。

研究生物的多样性

请你做一名生态学家，在一小块土地上研究生物的多样性。请牢记你将研究的地块是生活着庞大的多样性生物的整个地球上的一个小样本。

实验步骤：

1.划出一个 1.5 米×1.5 米的地块。

2.做一份非生物条件的观察记录。

3.辨别你所观察到的生物种类。

课题准备：

寻找一块地作为你的试验地块，经老师同意后，划定一块每边为 1.5 米的方形地块。准备一本笔记本，用来记录日期、时间、气温和天气状况。在笔记本上留一些空白，用来制图或粘贴你的实验地块上的生物照片。

实验成果：

仔细观测过后，你应该给班级同学介绍你的研究发现，描述你的观察结果，让同学们了解你的实验地块上的生物的多样性。

●枯萎的花

你养的那盆花好几天没浇水了！
给你水，快去吧！不然花就要枯萎了！
不要紧！
你怎么这么狠心！
因为那是假花啊！

●狗讨厌什么

请回答，狗最讨厌什么？
应该是猫吧！
不对，应该是同类！
狗最讨厌包子，因为有家包子店叫“狗不理”！

动物语音

狼来了

第6章

动物对地球的巨大贡献

地球上生活的生物，它们的存在很好地保证了生态环境的持续发展，是地球之所以保持绿色的“功臣”。可我们人类有时候会在不经意间伤害到了这些功臣，加剧了环境的恶化程度。所以，为了地球的绿色，请爱护它们！

寻找对环保有益的生物

课题目标

发挥你的侦探能力，找到你身边对环保有益的生物，并身体力行地实施你的环保小建议。

要完成这个课题，你必须：

1.和老师或者好朋友一起合作。

2.需要知道哪些生物对环保有益处。

3.知道这些生物对环境是如何产生影响的。

4.身体力行，和朋友们一起做环保小卫士。

课题准备

可以与你的好朋友上网了解益虫与益鸟等的生活习性，与你的伙伴一起行动仔细观察生活的周围的环境。

检查进度

在学习本章内容的同时完成这个课题。为了按时完成课题，你可以参考以下步骤来实施你的侦探计划。

1.查出你的周围都有哪些生物。

2.区分这些生物的益处与害处。

3.把你认为对环保有益处的记录下来。

4.与小伙伴讨论，得出结论。

总结

本章结束时，可以和你的侦探团成员一起向父母、老师展示你们的环保成果。

大草原的清道夫

在自然界中，森林、草原、湖泊——都是由动物、植物、微生物等生物成分和光、水、土壤、空气、温度等非生物成分组成的。每一个成分并非是孤立存在的，它们是相互联系、相互制约的统一综合体。它们之间通过相互作用达到一个相对稳定的平衡状态，称为生态平衡。

在广阔的非洲大草原上，许多的动物构成了一个有趣的生物链。这些生物相生相克，但是又互有关联。狮子是这里的顶端霸主，但是有时候它也会被一种体型较小的动物给吓跑。这种动物对于生物链的平衡起着比狮子还重要的作用，它们就是鬣狗。它们的样貌丑陋，活跃在这片大草原上。虽然外表难看，但是却在这片大草原上横行无忌，它们有超强的撕咬力，甚至能咬碎骨头吸取骨髓，是非洲大草原上最凶悍的清道夫。正是因

为它们的存在才让草原上变得井然有序！很多动物在死去后浑身散发着腐烂的味道，这些动物的尸体对于大自然来说是一种环境污染，总要有动物来解决这个问题，鬣狗在生物链上充当着清道夫的角色，它们可以把动物的尸体吃得一点都不剩。科学家曾经让鬣狗处理过很多腐烂性的肉食，事实证明它们完成得很好。大自然的生态平衡少不了这样的助手！所以，不要认为这些动物没有用处，只是人类对于动物了解得太少！

每一种生物都有着自己的特殊作用，不要小看了任何生存在地球上的动物。它们的作用很大，任何一种生物的灭绝都会引起连锁反应，对大自然的生态平衡产生了很大的破坏。所以，要爱护地球上的每一棵草、每一朵花、每一个动物！

鱼苗的大作用

喜欢钓鱼的朋友经常在鱼塘边会发现鱼塘中总会有很多的小鱼苗，这些鱼苗活蹦乱跳，十分可爱。许多人有可能会把这些鱼苗抓住作为喂养猫的食物，殊不知这些看着不起眼的小动物作用可大着呢！

生物世界中，每一种动物的存在不光是因为物种进化那么简单，而是它的出现维持着一种环境的变化守恒。在很多的河流里，鱼苗都显得那么可怜弱小，但是池塘离开了它们还真的玩不转。现在，大多数的生活垃圾或者一些人为的破坏，使得池塘发生水质污染的现象。这种现象带来的后果很严重，往往让鱼群死亡，或者水质变坏，但有了鱼苗就可以解决这种问题。

汕头市从 2002 年起启动投放鱼苗和人工鱼礁建设工作，至 2012 年

7 月，全市 7 座礁区已建成 4 座，全市共完成投放人工鱼礁礁体 7422 个，安装航标灯 13 座。人工鱼礁区成了鱼儿的安乐窝，对增加海洋渔业资源，改善海洋生态环境起到了促进作用。

为什么这些鱼苗会有净化水质的功能呢？因为有的鱼苗吃杂草，有的鱼喜欢吃水藻，有的鱼喜欢吃浮游生物，可以消化掉一些水中的有机质，使水的富营养物质固化，起到净化水质的作用。怎么样，没有想到原来我们看不起眼的小动物们也会有这么大的作用吧？所以说，千万不要过量地打捞鱼苗。

有关报道曾经关注过汕头市投放鱼苗合理改善环境，击败赤潮的事件。汕头市通过放养鱼苗、投放人工鱼礁，努力改善海域生态环境。

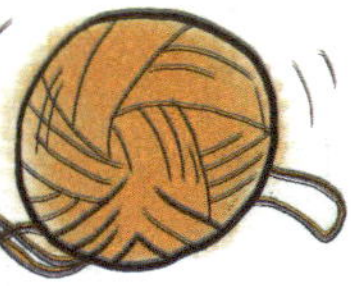

昆虫曾经拯救过一个大陆

在 2010 年 6 月 11 日南非世界杯开幕式上，竟然有一只硕大的 " 屎壳郎 " 推动足球的表演，这太不可思议了。要知道，这种表面黝黑、外貌丑陋的甲虫让人不怎么喜欢，更不要说它推着的那个粪球了，人人都唯恐避之不及。蜣螂，也就是俗称的屎壳郎，却把粪球当作宝贝，一点一点顽强地去推它，从这点看来，确实有点傻得可爱，执著得让人产生些许敬意。

蜣螂在许多非洲国家都深受人们喜爱，因为它们在农业方面发挥着异常重要的作用。通过填埋和消化动物粪便，给土地提供了重要的营养，也大大改善了当地的生态环境。它们因此被人们赋予了 " 地球清道夫 " 的雅号。

澳洲的袋鼠和其他大型动物的粪便呈小球状，不像牛粪那么稀，所以澳洲本地的屎壳郎对此很感兴趣，而对满地的牛粪根本不予理睬。

就是这种看起来毫不起眼的小家伙完成了一项人类用尽办法也解决不了的事情。它们从各处收集粪便，能通过生活循环将养分还给土地。它们的作用远不止这些，很多地方都需要屎壳郎。

在澳大利亚到处流传着一个昆虫拯救大陆的故事，当欧洲人第一次踏上澳洲的土地时，发现这里生活着许多他们从没有见过的动物。澳洲原来没有牛，欧洲人带来了牛，并且很快地遍布各地，产生了数量巨大的牛粪堆，牛粪开始成为一个社会问题。到了 1966 年，再不清理这些牛粪的话，整个澳大利亚就要被埋没在牛粪堆里了。有人开始建议将世界其他地方一些品种的屎壳郎引入澳洲。在 20 世纪 80 年代，终于有几种屎壳郎成功落户澳洲，解决了牛粪的问题。这些小小的屎壳郎拯救了澳大利亚。

屎壳郎还能在苍蝇产卵之前就移走粪堆，从而降低苍蝇的数量，苍蝇传播的疾病也会减少。甚至连屎壳郎为了掩埋粪球而挖的地洞，也能使土地吸收更多的雨水而变得湿润。

动物对地球的独特贡献

大小不一、形态各异的动物，装点出一个缤纷美丽的世界，同时它们各司天职，为维护地球的平衡作出贡献。

下面是一些珍贵动物对地球及人类的独特贡献：

狗：陪伴视障者和听障者，给人类带路的同时也是带来心理安慰的伙伴。

蚯蚓：能让土壤疏松、改良土质，让植物长得更好。

大象：帮助植物发芽，帮助雨林再生，为人类和其他动物开路。

鱼：能帮助维持海洋系统里的酸碱平衡，净化海水，减轻气候变化。

青蛙：捕食害虫，保护庄稼。

壁虎：壁虎的脚启发科学家们发明了一 种“超级”黏合剂。

鹅：和其他水禽在维持湿地植物丰富上扮演着重要的角色。

长颈鹿：帮助保护大草原上的洋槐树，让它们长得更高，从而维持生态系统的平衡。

草蜢：通过吃植物，担起养分再循环的重要任务。

河马：沼潭的看护者，河流的浚疏者，也是植被的施肥者。

山鸡：散播谷物、种子，帮助建立植被。

鸽子：可以成为能干的信使，帮助救援海航意外。

箭猪：在拱土觅食的过程中，帮助散播果子，让泥土通气，也为泥土和种子蓄水。

鹌鹑：在帮助散播种子和促使发芽上效率极佳。

老鼠：已被训练用以探测矿物，也有助于肺结核的诊断。

兔子：在觅食和传播种子的过程中，造成空地，维持植物种类的多样性，让土壤更肥沃、更利于植物生长。

海牛：能帮忙清除被植物堵塞的河道，方便灌溉和运输。

知识复习与拓展

阅读了本章知识，你一定学到了不少关于植物和动物对人类与环境产生的这样或那样的影响。保护绿色的地球人人有责，首先来回答几道关于保护生态环境的问题吧，看看本章你都学到了什么。

1. 大草原的清道夫是谁，是鬣狗还是狮子？

2. 为什么说不要随意砍伐森林，这会对环境造成怎样的危害？

3. 为什么说鱼苗有净化水质的功能呢？

麻雀的悲伤

从生态学观点看，作为物种，所有的动物都有生存的价值，都应受到人类的尊重和保护。但是人类在保护动物时，一般只考虑保护对人类有益的动物，动物对人类有益还是有害，要准确地下定义有时并不是简单的事。

1956 年，麻雀在中国与老鼠、苍蝇、蚊子一起，被定为必须消灭的“四害”。当时，全国各地广泛开展了消灭麻雀运动，仅甘肃省就出动百万青少年，7 天消灭麻雀 23.4 万只。北京在 1958 年 4 月 19 日到 21 日，捕杀麻雀 40.1 万只，上海市在 3 天之内消灭麻雀 50.5 万只。据不完全统计，1958 年 11 月上旬，全国各地共捕杀麻雀 19.6 亿只。这一灭顶之灾，使北京一望无际的天空中见不到一只麻雀。

实际上，麻雀在饲雏期是吃虫的，也有有益的一面。在麻雀覆灭的 1959 年春夏，上海等城市的人行道树木害虫大为猖獗，树叶被虫啃光。1959 年 11 月，中国科学院为此成立了“麻雀研究工作协调小组”，1960 年 4 月，终于停止了对麻雀的围剿。

我是环保知识达人

来测试一下，看你是不是环保知识小达人！

1.请问蜻蜓是益虫吗？

A 是　B 不是

2.谁被称为“庄稼的卫士”？

A 蚯蚓　B 青蛙

3.你能说出蜂蜜对人类有好处吗？

A 能　B 不能

4.人称“灭鼠专家”的是谁？

A 猫头鹰　B 乌鸦

5.谁是捕食松毛虫的能手，被誉为“森林卫士”？

A 鹦鹉　B 灰喜鹊

6.消灭树木身上害虫的是谁？

A 麻雀　B 啄木鸟

7.哪种益虫的前足呈镰刀状？

A 螳螂　B 蝎子

8.能对土壤起到松土作用的益虫是谁？

A 毛毛虫　B 蚯蚓

9.有明显的净化空气的能力，杀菌能力很强的植物是谁？

A 丁香　B 芦荟

10.可解除眼睛疲劳及消除烦躁的植物是谁？

A 郁金香　B 水仙

题目	A	B
1	+10 分	+0 分
2	0 分	+10 分
3	+10 分	0 分
4	+10 分	0 分
5	0 分	+10 分
6	0 分	+10 分
7	+10 分	0 分
8	0 分	+10 分
9	+10 分	0 分
10	+10 分	0 分

总分在 60 分以下的同学：看来你对生态环境的了解程度有待提高，请更加关注我们身边的环境吧！加油！

总分在 60～80 分的同学：你对环保还是比较在意的，但是主动性明显不够喔！建议主动地了解环保知识，参加环保活动。

总分在 90 分以上的同学：恭喜你，达到优秀成绩啦！你是环保知识小达人。

●害虫

你敢嘲笑我！
不就是浪费点米吗！
有首歌挺适合你！
我们是害虫，我们是害虫！

●像狮子一样

有人说我威风得像狮子一样！
我也觉得像！
故意拍马屁我是不会高兴的！
是狮子啊，脸撞上树以后的狮子！

●养金鱼

我来拿回寄养的金鱼了！
别这么急着拿走嘛！
你还没玩够吗？
已经烤着吃了！

●不准养猫

小猫好可爱呀！
不许养猫！
你不知道猫会抓坏家具吗？
不怕，我家穷得就剩一张凉席了！

第7章

动物伙伴的新家园

野生动物们的生存状态已经到了危在旦夕的地步。为了保护这些可爱的精灵们，有志之士想到了建立自然保护区的好方法，从此，动物伙伴们有了自己固定的家园，避免了被无辜地伤害！请跟随我的脚步一起来看看这些野生动物的新家园吧！

构想你的“野生动物保护区”

课题目标

发挥你的想象力，结合你学到的科普知识，设想一个你自己的“野生动物保护区”！

要完成这个课题，你必须：

1.和家长、老师或者好朋友一起合作。

2.需要了解你想放进保护区的那些野生动物的生活习性。

3.画一张你的野生动物保护区地图。

4.把你想要保护的野生动物放进地图中吧。

课题准备

可以与你的好朋友上网了解世界上著名的野生动物保护区，看看这些保护区里都有什么样的动物。

检查进度

在学习本章内容的同时完成这个课题。为了按时完成课题，你可以参考以下步骤来实施你的“野生动物保护区”创建计划。

1.以一个著名的保护区为蓝本。

2.了解此保护区的地理位置与环境。

3.了解保护区保护动物的方式。

4.实施行动，画出你心目中的“保护区”。

总结

本章结束时，可以和你的伙伴一起向父母、老师展示与讲解你们的“野生动物保护区”。

扎龙自然保护区

延伸阅读

扎龙的由来

很久以前，这里土地十分贫瘠。有一天，一条巨龙扎落在干涸的地上。村民们赶忙救助巨龙，百鸟仙子为村民们的行为深受感动，她派丹顶鹤率领众多小鸟飞到人间救了巨龙。巨龙飞走后，留下了一个一眼望不到边的湖泊，使得这里风调雨顺，物产丰富，人们为了纪念与神龙的缘分，就把这里称为“扎龙”。

扎龙国家级自然保护区位于黑龙江省西部乌裕尔河下游，属湿地生态系统类型的自然保护区。保护区是由乌裕尔河下游流域的一大片永久性、季节性淡水沼泽地和无数小型浅水湖泊组成，湿地的周围是草地、农田和人工鱼塘，扎龙国家级自然保护区主要保护对象为丹顶鹤等珍禽及湿地生态系统，是中国北方同纬度地区中保留最完整、最原始、最开阔的湿地生态系统。保护区河道纵横，湖泊沼泽星罗棋布，湿地生态保持良好。

扎龙国家级自然保护区鸟类约有 260 种，隶属 17 目 48 科。其中国家重点保护鸟类有 35 种，最为著名的是鹤类，全世界有 15 种，中国有 9 种，本区就有丹顶鹤、白鹤、白头鹤、白枕鹤和蓑羽鹤 6 种，不愧为独步世界的“鹤乡”。全世界现存丹顶鹤 2000 只，本区即有 346 只的繁殖种群，占全世界丹顶鹤总数的 17.3%，现已列入全球濒危种类。白枕鹤有 34 只，蓑羽鹤有 50 多只。除丰富的鸟资源外，还有 20 种兽类，包括狼、赤狐、狍、獾和黄羊等；两栖类有 4 种，有中国林蛙、黑斜线蛙、列斑雨蛙、花嘴蟾蜍；爬行动物包括蜥蜴、淡水龟等；水生鱼类有 40 种，鲫鱼最为丰富。

纳米比亚野生动物园

纳米比亚是野生动物的天堂，占地面积大约为 2.3 万平方千米，是撒哈拉以南非洲面积最大的野生动物园。纳米比亚十分重视对环境和自然资源的保护，并将可持续利用野生资源写入宪法，全国约 15.5%的土地被列为国家公园或者自然保护区。在那里有着辽阔的空间，游人可以在里面看见很多大型动物——狮子、豹子、大象、野牛和犀牛。以前，随着人口的增多和天然栖息地的减少，人和动物在生存空间和食物上的冲突越演越烈。人们因为野生动物的增多而失去了庄稼、牲畜、财产，甚至包括生命。于是，人类为了报复开始大量地杀死野生动物。在当地，人和动物的冲突是许多物种继续生存的主要威胁。此外，屡禁不止的偷猎行为也造成了动物的大量减少。

通过社区管理为基础的自然资源管理方式，纳米比亚保护野生动物

取得了较为显著的成效。从 1995 年到 2008 年，纳米比亚的狮子数量从 30 头上升到了 130 头。犀牛的数量也翻了一番，大象和猎豹的数量也大幅度增长。动物得到了保护，当地的旅游业也得到了发展，一条合理利用当地资源的道路打通了，人和动物的矛盾也得到了有效的解决！

在 20 世纪 70～80 年代，从狩猎行为上赚钱的大多数人是拥有大量私人土地的农场主。到了 1996 年，这一情况才有所好转。当地政府为了解决人和动物的冲突等复杂的关系，公布了一条法律，允许政府管理的保护区由当地社区管理（在这种情况下，只有少数旅游线路经营者和其他外来人口能在当地资源中获利）。

海驴岛和鄱阳湖

海驴岛位于山东省荣成市成山头西北的大海中，整个岛屿状似一只瘦驴卧于海中，所以得名海驴岛。由于岛上海鸥很多，而当地人称海鸥为海猫子，所以海驴岛又被称为海猫岛。

海驴岛距陆地最近距离为 4 海里(1 海里为 1852 米)，面积大约为 0.11 平方千米。由于风景优美，远离陆地，所以吸引了无数的海鸟来此栖息、产卵、繁衍。

每逢春季，有成千上万的海鸥来到海驴岛栖息产卵，岩缝中鸟巢鳞次栉比，数不胜数，所以海驴岛又被称为海鸥王国。岛上危峰兀立，四周海水浩瀚碧蓝，与成千上万只海鸥构成的雄伟景观，令人叹为观止，心凝形释。海驴岛是鸟的世界，登上海驴岛，只见岛上海鸥遍地，众多的海鸥"咕咕"地叫着，像是欢迎游人的到来。由于岛上尚无居民，也没有其他天敌，故这里成了海鸥的天堂。有时一大群海鸥同时栖息在一块岩礁上，几乎覆盖了整个岩礁，远远望去，宛若一座洁白的冰山！

鄱阳湖是候鸟们的度假村，在这里的候鸟主要有大天鹅、小天鹅、白鹤、白头鹤、白枕鹤、灰鹤和豆雁等。

鄱阳湖由于受到暖湿东南季风的影响，年降水量平均为 1636 毫米，从而形成了“泽国芳草碧，梅黄烟雨中”的湿润季风性气候，而成为了著名的鱼米之乡。每年的 10 月，在俄罗斯西伯利亚、蒙古、日本、朝鲜以及中国的东北、西北等地方飞来上千万只过冬的候鸟，一直待到第二年的 4 月份才相继离去。如今，这里保护区内的鸟类已经达到 300 多种，数量近 100 万只，稀有飞禽有 50 多种。鄱阳湖已经是世界上最大的鸟类保护区。在这里，发现了当今世界上最大的白鹤群。因此，鄱阳湖被称之为“白鹤世界”“珍禽王国”。

候鸟们长途跋涉来到鄱阳湖，享受着这片保护区给它们提供的天然场所，这里成为这些飞禽的歌唱场所，鸟儿在这里自由地飞翔。

安徽扬子鳄动物保护区

延伸阅读

人工繁育的扬子鳄，由于长时间的近亲繁殖，出现了一些基因退化的现象。只有进行有效的保护，恢复野生种群，将人工繁殖和野生种群保护相结合，才能避免因人工繁殖引起的基因退化致使其种群灭绝的现象发生。

扬子鳄与熊猫、金丝猴同属国家一级重点保护动物，但最近几年，专家们只发现了150条野生扬子鳄，从数量来说，只有野生大熊猫的1/7，已经到了极度濒危的地步。目前，安徽扬子鳄国家级自然保护区开始为扬子鳄建立基因谱系档案，正式启动了我国扬子鳄保护研究系列工程。

扬子鳄主要分布在长江中下游地区，近年来，大批水利工程的兴建将它们的活动范围切割成了小块，成年的扬子鳄找不到合适的配偶，无法再进行繁殖。另外，当地的居民不断将湿地改造成农田，使扬子鳄的生存环境受到严重破坏。在最近一次的科学考察活动中，专家们发现，野生扬子鳄的栖息地已经由过去的6省1市缩减到安徽5个县的部分区域。

在1975年，国家建立省级自然保护区，1986年晋升为国家级，主要保护对象为扬子鳄及其生态环境。这个保护区位于安徽省宣城地区，气候温暖，雨量充沛，地形错综复杂，沟、塘、渠纵横交错，是非常适合扬子鳄生活的环境。扬子鳄与美洲密西西比河鳄为目前世界上仅存的2种淡水鳄，数量极其稀少，扬子鳄已被国家列为一级重点保护动物。保护区建立以来，通过采取就地保护和人工繁殖相结合的措施，使扬子鳄的种群得到较大幅度的增长，缓解了扬子鳄濒临灭绝的危险。

知识复习与补充

学习了本章的知识，大家应该对一些野生动物保护区有所认识了吧，等我们长大了也可以参加到保护野生动物的行列中去，为维护我们人类共有的家园做出自己的一份努力！下面又到我们复习与总结的时间了。

1. 你知道鄱阳湖为何成了候鸟们的“度假村”吗？
2. 你知道导致扬子鳄繁殖减少的原因有哪些吗？
3. 你知道扎龙自然保护区都有哪些保护动物吗？

发挥你聪明的头脑，在本篇中好好搜寻一下吧！

大熊猫的天堂

卧龙自然保护区是国家级第三大自然保护区，也是四川省面积最大、自然条件最复杂、珍稀动植物最多的自然保护区。保护区横跨卧龙、耿达 2 乡，东西长 52 千米，南北宽 62 千米，总面积约为 70 万公顷。它主要保护西南高山林区自然生态系统及大熊猫等珍稀动物。1980 年加入联合国国际生物圈保护区网，是中国第一个自然保护资源特别行政区。

卧龙自然保护区的建成使以大熊猫为主的野生动植物资源和高山生态系统得到了有效的保护。中国保护大熊猫研究中心自 1983 年成立以来，通过不懈的努力，成功攻克了圈养大熊猫人工繁育工作中的“发情难、配种受孕难、幼仔成活难”的 3 大难关。卧龙自然保护区圈养大熊猫总数达到 200 余只，占世界圈养大熊猫种群的 65%。

动物保护达人小测验

一、请把下列空格里的知识补充完整：

1.著名的扬子鳄保护区建在了________________地区。

2.纳米比亚野生动物园的大型动物有______、______和______等。

3.候鸟们特别爱栖息的地方是________和__________。

4.扎龙自然保护区分布在____________________。

5.连线，把你认为有对应关系的连起来：

大 象	卧龙自然保护区
丹顶鹤	扎龙自然保护区
狮 子	鄱阳湖
大熊猫	
候 鸟	纳米比亚自然保护区
犀 牛	

●好玩的保护区

报纸上说自然保护区很好玩！
你去保护区玩了吗？
没有玩，我就在保护区里走了一圈。
……

●存钱

我也想建一座自然保护区！
没可能的！
你哪里有足够的钱？
所以从现在开始一天存一分钱！

娱乐性场所

跑这么快去哪儿？
是不是去动物园啊？
不告诉你！
我去了一个可以随意观赏动物的娱乐性场所！

抓狗

你家的小狗往那边跑了！
可恶，别让我抓到它！
你拿这根棒子吸引它，它自然会扑来咬你！我趁机抓它！

第8章
灭绝的动物们

在最近的几千年内，人口数量越来越多，他们占用并浪费了大量的自然资源，还不懂得保护，这直接导致了其他动物的大量减少，甚至造成一些动物的灭绝，这些灭绝的动物再也不可能出现在地球上了，它们只能在博物馆里和书本里被看到！

寻找消逝的动物

课题目标

充分发挥你的调查能力，找出那些已经在地球上灭绝的动物,收集资料后写下感想。

要完成这个课题,你必须:

1.和家长、老师或者好朋友一起合作。

2.需要了解已经灭绝的动物。

3.把它们记录下来,谈谈感想。

4.身体力行,和朋友们一起做环保小卫士。

课题准备

你可以在网络上了解相关知识。也可以和家长一起到博物馆中参观已灭绝的动物标本。

检查进度

在学习本章内容的同时完成这个课题。为了按时完成课题，你可以参考以下进步骤来实施你的侦探计划。

1.找出哪些是已经灭绝的动物。

2.找出它们灭绝的原因是什么。

3.探讨如何保护生物的生存环境。

4.实施行动,做一个环保小卫士。

总结

本章结束时,可以和你的小伙伴们一起向父母、老师展示你们的环保成果。

延伸阅读

北京猛禽救助中心（IFAW Beijing Raptor Rescue Center，简称IFAW BRRC）是国际爱护动物基金会（IFAW）在中国的众多保护项目之一。该中心成立于2001年12月，是由国际爱护动物基金会（IFAW）、北京师范大学和北京市野生动物自然保护区管理站合作建立的非营利性野生动物救助机构。

华南虎的灭绝

当我们看到老虎的时候，第一眼就会被它威风凛凛的气势所震撼，老虎有与生俱来的王者风范，不愧于“万兽之王”的美誉。

但是目前世界上的野生老虎已经非常稀少了，有些甚至已经灭绝，比如我们下面将要讲到的华南虎！

华南虎是只有在中国中南部才有的虎类品种，所以又被称为“中国虎”。它有着圆圆的脑袋、短短的耳朵和长长的尾巴，全身为橙黄色并布满黑色横纹。华南虎是中国历史悠久的特有品种，说它是所有老虎的祖先也不为过。华南虎一般不成群活动，而是单独生活，它们多半是趁着夜幕降临而外出捕食猎物，它们的嗅觉发达，能闻到很远地方的气味，它们行动敏捷且善于游泳。野生华南虎吃新鲜肉，最喜欢野猪、野牛和鹿类。这么威猛霸气的华南虎如今却沦落到灭绝的地步。

人们贪图华南虎的皮毛是导致华南虎灭绝的一个重要原因，因为华南虎的皮毛色泽鲜艳，历来是有钱人用以装饰的奢侈品。由于非常值钱，所以不断有人为了华南虎的皮毛铤而走险。新中国成立初期，野生华南虎的数量还有 4000 多头，是当时中国数量最多的虎。

根据不完全统计，1956 年全国共收购虎皮 1750 张。20 世纪 50 年代，江西省多地发现有虎，在经过大肆捕杀的 10 年之后，这里已经发现不到华南虎的踪迹了。江西省的捕虎行动也影响到了其他省，这些省也陆续加入到捕虎的行动中，这样发展的结果是从 1964 年陕西佛坪一山民猎杀过 1 头野生华南虎直到现在，再也没有人在中国看见过野生成年华南虎的身影了。

草原骑士——斑驴

在辽阔的非洲大草原上飞驰着一群动物，它们像斑马却又不是斑马，它们四蹄健硕，奔跑速度飞快，每小时可达 70 千米，被人称为“草原骑士”。它们就是斑驴，是非洲最有名的灭绝动物之一！

斑驴实际上是草原斑马的亚种，曾大规模地生活在南非，它与其他斑马的区别就在于明显地只在身体前半部分有条纹，而到身体中间部分条纹就逐渐变淡消失，条纹间黑色的区域逐渐变大，直至后腿和臀部全都是一片棕色。

斑驴生活在非洲广阔的草原地带，主要以草为食，也食树皮、树叶、芽、果实和根。不论白天和黑夜，它们都要觅食，觅食要耗去一天 60%以上的时间。

斑驴没有永久性群体，暂时聚集虽也常见，但大多数成年公驴是在很大的领域范围内独自生活的。

延伸阅读

作为一种野生动物，斑驴的个性十分倔强，早年人们不得不用“桀骜不驯”和“宁死不屈”形容它的性格。1860 年，一头饲养在伦敦动物园的斑驴，因不能忍受长期的禁锢，奋然撞墙而死，举世震惊。世界上最后一头斑驴是饲养在荷兰的阿姆斯特丹动物园的一头雌驴，它孤苦伶仃地活到 1883 年，便无可挽回地走向了灭绝。

在自然界中，斑驴常和牛羚、鸵鸟混群吃草，并一同作战，抵御共同的敌人——狮子。在宽阔的草原上，对付捕食者的偷袭谈何容易，几种动物组合之后，凭借鸵鸟的视力、牛羚的嗅觉、斑驴的听力，取长补短，所以能够有效地御敌。正因为如此，斑驴才很少被天敌捕食。

斑驴最初是由南非的霍屯督人发现的。他们对这个类似于斑马的奇异动物充满好感，觉得斑驴生性机敏，对一切入侵者——无论是人是兽都怀有强烈的敌意，比狗还警觉，因而便把斑驴驯作家马的夜间守护者。斑驴不但能守护家园，而且在经过驯服后还能替主人拉车。

在 1830 年，英格兰一度兴起用斑驴拉车的风气。斑驴由于肉鲜美且出肉量高，因此一直是非洲人主要猎食的对象，但原始的狩猎方法并没有给斑驴群体以致命的打击。直到 19 世纪初，欧洲移民大量涌入非洲，他们采用套索、火器等装备进行疯狂的猎捕，还大肆劫掠、贮藏、盗运斑驴皮。当时，欧洲人看到如此美丽的动物都备感兴趣，一时间，斑驴标本价格昂贵，这更促使了一些贪婪的欧洲人对斑驴大开杀戒。到了 19 世纪中期，非洲南部已经很少再能见到斑驴了。

在人类的猎食、收集皮革、家养驯化之下，斑驴已走向了灭绝。最后一只野生斑驴大约在 17 世纪 70 年代末期被射杀，世界上最后一只被捕获的斑驴则于 1883 年 8 月死于荷兰的一家动物园。从此，地球上再也没有斑驴的踪迹了。而留存人类耳际的只有斑驴那尖利的、带有警示意味的哭诉般的嘶鸣。

傻傻的渡渡鸟

延伸阅读

渡渡鸟的灭绝一开始并没有引起人们太多的关注，直到 1865 年，路易斯·卡罗的童话《爱丽丝漫游奇境记》中提及了这种善良可爱而又命运悲惨的动物，随着这本书的畅销，渡渡鸟也被越来越多的人知晓。

在所有灭绝的动物中，渡渡鸟堪称是除恐龙之外最著名的已灭绝动物之一。渡渡鸟是仅产于印度洋毛里求斯岛上的一种不会飞的鸟。这种鸟在被人类发现后仅仅 200 年的时间里，便由于人类的捕杀和人类活动的影响彻底绝灭。

欧洲的水手 1507 年在毛里求斯岛上发现了这种鸟，当水手们谈论到这种不会飞的奇怪的鸟时，你可以想象人们很难相信它们的故事。在毛里求斯岛上面定居的欧洲人很快发现这种鸟的肉吃起来很香，所以就有很多的渡渡鸟被吃掉了。截至 1681 年再也没有在那个岛上发现活着的渡渡鸟了。为数不多的渡渡鸟在 17 世纪被带到了英国，但 200 多年来，再没有人看见活的渡渡鸟，因为它们已经完全灭绝了。

在毛里求斯岛上，渡渡鸟没有任何的天敌，那里又有着丰富的食物，在长久

的自然界的进化过程中，原本能够飞行的渡渡鸟的胸部结构也慢慢发生改变，以至不足以支撑它的飞行，最终成为人类所见到的只能在陆地上跳跃前行的渡渡鸟。

16 世纪后期，带着来复枪和猎犬的欧洲人来到了毛里求斯，不会飞又跑不快的渡渡鸟厄运降临。欧洲人来到岛上后，渡渡鸟就成了他们主要的食物来源。从这以后，枪打狗咬，鸟飞蛋打，大量的渡渡鸟被捕杀，就连幼鸟和蛋也不能幸免。开始时，欧洲人每天可以捕杀几千只到上万只渡渡鸟，可是由于过度捕杀，他们每天捕杀的数量很快减少，有时每天只能打到几只了。

17 世纪，荷兰定居者开始开拓殖民地，而渡渡鸟正是在这一时期走向灭绝的。人类定居者对渡渡鸟的猎杀以及对其生存环境的破坏，使大量的渡渡鸟丧失生命。过往的船只同时带来了大量老鼠，它们疯狂地偷食地面巢穴中的鸟蛋，也在一定程度上加剧了渡渡鸟的灭绝。1681 年，最后一只渡渡鸟被残忍地杀害。从此，除了在博物馆的标本室和画家的图画上，地球上再也见不到渡渡鸟了。

世界第一高鸟——恐鸟

延伸阅读

恐鸟与鸵鸟的区别

恐鸟的脖子有羽毛覆盖，而鸵鸟的脖子是秃裸的，并且鸵鸟比恐鸟的脖子要长；恐鸟有3根脚趾，而鸵鸟有2根脚趾。

高达3米的恐鸟可以说是世界第一高鸟，它们是新西兰历史上生活的巨型而不能飞行的鸟。在身高平均约为3米的巨型恐鸟中，最大的个体高约为3.6米，体重约为250千克。在300多年以前，巨型恐鸟也可称得上是世界第一高鸟。其上肢已经退化，而且身躯肥大，下肢粗短。尽管下肢发达，但庞大的身躯使得恐鸟的奔跑能力远不及鸵鸟。

18世纪中期，欧洲移民来到岛上，给恐鸟带来了厄运。恐鸟肉对于欧洲移民来说是美味佳肴。由于恐鸟体形太巨大，难以躲藏，欧洲人很容易捕捉到它们，经常一下子就能捕杀十几只，恐鸟肉一时成了这些欧洲移民的重要肉食来源。由于欧洲移民的到来以及当地土著人的不断增加，人们开始了大面积烧荒、垦荒，恐鸟的生存地也遭到了彻底破坏，恐鸟因失去立足之地而被大量饿死。同

时，由于恐鸟破坏庄稼，人们为了保护庄稼大量捕杀恐鸟。此外，与欧洲人一起来到岛上的家犬和家鼠也成了恐鸟的天敌。它们同样给恐鸟以致命打击。

到了 18 世纪末，恐鸟的数量已经很少了，人们捕捉恐鸟也越来越难了，而 1800 年则是人们能捕捉到恐鸟的最后一年。

其实，在人类到达新西兰之前，恐鸟的数量就已经开始急剧下降。1000 年前，还有数百万只的恐鸟，在人类到达之前仅仅剩下不足 15 万只，在人类到来之前，恐鸟的数量为什么会下降得如此厉害？科学家们分析原因有 3 点：其一是火山活动影响了恐鸟的生活区域；其二是疫病导致恐鸟数量暴跌；其三是恐鸟本身的繁殖率比较低，成年恐鸟死亡率高，幼鸟出生率低。

当然，如果没有人类捕杀的话，恐鸟还有可能重新繁殖起来。可惜的是，当人类到达新西兰之后，人类的猎杀断送了恐鸟生存的最后一丝希望。

一些人怀疑恐鸟已经绝种的事实，偶尔有推论认为恐鸟仍然生存在新西兰南岛西海岸的某个森林深处。神秘动物学者与其他人不断的搜寻它们，不过目前仍然没有直接证据或标本曾经被找到。普遍认为恐鸟不太可能存活到今日，因为它们是该区域体型相当大的鸟类，而且该区也常被猎人或登山客拜访。恐鸟体形高达 3 米，这么大的鸟类很难可以避开人类的视线而不被发现。

知识的复习与拓展

阅读了本章的知识，相信你应该对地球上的已经灭绝的生物有了深刻的了解，其实不仅仅是前文介绍的4种动物，还有很多的有名或无名的动物种群也正在不断地消逝，只是我们没有意识到罢了。请回答这些问题，看看你对本章的知识掌握了多少。

1. 野生华南虎灭绝的原因是什么？

2. 斑驴又被人称为什么？

3. 世界上现在还有活着的渡渡鸟吗？

认真阅读的你一定能回答上来，请一定要吸取这些动物灭绝的前车之鉴，自觉保护生态，不要让这些悲剧再发生！

恐龙是怎么灭绝的？

追溯至上古时期，恐怕没有一个物种的灭绝规模比恐龙的更大！这些曾经驰骋于天空与地面的最强霸主们依旧免不了灭顶之灾！

而关于恐龙绝种的真正原因，自古以来即众说纷纭，一直没有一个确切的论点，目前为止仍然是一个未解的谜题，最被人们认可的一种说法则是陨石碰撞说。

陨石碰撞说认为，距今6500万年前，一颗巨大的陨石曾撞击地球，使得称霸地球长达1亿多年的恐龙绝种。这颗巨大的陨石，直径大约10千米，因撞击而造成的火山口地形，直径达200千米，撞击而产生的能量，若换算成黄色炸药，则相当于一百万亿吨。粉尘经由大气层扩散，导致地球持续了数个月的黑暗状态。在这段期间，以恐龙为首的许多生物都因之而绝种。

我是动物环保小达人

来测试一下，看你是不是动物环保小达人啊！

1.渡渡鸟的灭绝是因为人类吗？

□是　□不是

2.白鳍豚已经灭绝了吗？

□是　□不是

3.恐龙的灭绝是至今最大的一次物种灭绝吗？

□是　□不是

4.斑驴生活在亚洲吗？

□是　□不是

5.渡渡鸟灭绝是在19世纪吗？

□是　□不是

6.你经常向同学传授动物保护知识吗？

□会　□不会

7.捉住益虫你会放生吗？

□会　□不会

8.你对身边的环境漠不关心吗？

□是　□不是

9.你知道三四种其他已经灭绝的动物吗？

□知道　□不知道

10.你曾经有保护动物的经历吗？

□有　□没有

题目	是	不是
1	+10 分	0 分
2	+10 分	0 分
3	+10 分	0 分
4	0 分	+10 分
5	0 分	+10 分
6	+10 分	0 分
7	+10 分	0 分
8	0 分	+10 分
9	+10 分	0 分
10	+10 分	0 分

总分在60分以下的同学：看来你对稀有动物的了解不够深刻，记得应该多读有关的书籍。

总分在60～80分的同学：你对动物环保的知识还是比较了解的，但是还欠缺很多必要的行动哦，希望再接再厉。

总分在90分以上的同学：恭喜你，成绩优异！在这里授予你环保小达人的称号！

●灭绝

好多动物灭绝啦！
和我们有关系吗？
当然有关系！
刚才你还灭绝了一只鸡腿呢！

●坏人多

确实，人类做了很多坏事啊！
但好多人不正在努力保护生态吗？
那我问你个问题！
保护环境的人多，还是毁坏的人多呢？

渡渡鸟

渡渡鸟的照片找到了吗？
它灭绝的年代，照片还没有诞生！

动物们的嘲笑

你们先回家吧，我要去动物园玩！
再见！
我也想去！
不行，和你在一起我会被动物们嘲笑的！

第9章

传统与自然的结合

保护环境需要传统与自然的结合，在我们生活的世界上，不能只有人类一种生物，我们需要一个多姿多彩的世界，一个物种繁荣有序、欣欣向荣的富有生命力的地球，所以请让我们携起手来共同努力将地球建设成为充满希望与生机的乐园吧！

寻找生活中的生态圈

课题目标

发挥你的探索能力，寻找你生活范围内的生态圈，并身体力行地实施你的环保小建议。

要完成这个课题，你必须：

1.与好朋友一起合作调查。

2.仔细观察在你的周围有哪些生物。

3.看看这些生物是如何相互影响的。

4.观察这些生物的互动对生态环境产生了什么影响。

课题准备

可以与你的好朋友上网了解生态平衡、食物链。可以和家长一起到动物园中了解动物们的生活习性。

检查进度

在学习本章内容的同时完成这个课题。为了按时完成课题，你可以参考以下步骤来实施你的调查计划。

1.调查你身边的植物是怎样生长的。

2.调查你身边的动物是怎样生活的。

3.调查动物与植物之间潜在的联系。

4.绘制一幅图表明它们之间的联系。

总结

本章结束时，可以和你的伙伴们一起向父母、老师展示你们的调查成果。

方法，还是要方法

延伸阅读

据资料介绍，按照全球 2007 年资源消费和排放二氧化碳的平均水平计算，要有 1.5 个地球才能满足人类的需要。如此大的排量，让仅有的这一个地球难以承受。况且科技再发展，经济再富裕，我们也无法去打造出另一个地球来帮助人类渡过难关。

人类现在紧要的是寻找和动物和谐相处的好办法，开动脑筋找到一条绿色的自然治理道路。

在英国，有一条闻名世界的河流，它的名字叫泰晤士河，全长为 346 千米。在历史上，泰晤士河水流清澈、渔产丰富、风光秀丽，为整个英国提供着水源、渔业资源、旅游资源，同时还是交通枢纽。在 19 世纪初，由于人们对这条河流疏于管理，城市的生活污水和工业废水、废渣常年不断流入，严重地污染了河流，让河流成为了臭水沟。到了 1850 年，泰晤士河已经成了一条死河，再也没有什么生物在里面生活了。因为水质不洁，进而还影响到了伦敦的卫生情况，使得伦敦多次发生霍乱和瘟疫。

到了 1857 年，英国政府决定成立泰晤士河管理局，开始致力于整顿污染的泰晤士河。治理之路何其漫长，在长达近 1 个世纪里也是一路坎坷。起初，因为没有统一的规划和科学的管理，大家各自为政，谁也不服从谁。投资的金钱不少，可是取得的成效却是微不足道。在 20 世纪 60 年代，泰晤士河管理委员会制定了 3 项措施：

1. 严禁工业污染物流入泰晤士河。
2. 改建城市水道，实行清水、污水分流。
3. 沿河增建 38 个污水处理厂，不让城市的生活污水直接流入河中。

统一的规划和严格的管理，配合科学技术最终让治理河流的事情得到了成效。到了 1969 年，鱼儿重新回到了泰晤士河。泰晤士河终于有了生命的迹象。随着时间的推移，到了 1983 年，有人在泰晤士河里抓到了 1 条大约 5 千克的大鲑鱼。从这点看来，泰晤士河的水质发生了重大改变。泰晤士河到了现在，已经基本上恢复了往日的面貌。一条被污染的河水用了 1 个多世纪的时间才变得干净！

观念的改变

在印度的大街小巷里，有一种动物可以大摇大摆地在人群中窜来窜去，从来不怕人。人们也不会主动地去抓它们，相反，会对它们毕恭毕敬。你或许说，我一定在胡说。不，这是真的。这种动物就是长尾叶猴。它们和人类和谐相处在一个地域内。

印度人敬畏地把长尾叶猴当作猴神，梵文史诗中传说猴子军队曾经帮助拉玛神（印度教最高神）对抗魔王，营救他的妻子西塔。而长尾叶猴脸上和四肢顶端的黑色部分便是在这次英勇的战斗中留下的烧伤痕迹。在这个故事里，猴神的名字叫作哈奴曼，传说它神勇不凡、本领高强，最后打败了魔王。而现在的长尾叶猴就被人们当作它的子孙。印度的猴子成为人们日常生活的一部分。清晨的花园中、黄昏的屋顶上、繁忙的公路上，甚至是叫卖的市场，都会有长尾叶猴的身影。它们无处不在，又居无定所、来去无踪。就在最近，从印度首都新德里附近森林中跑出来的成千上万只长尾叶猴还时常涌入这座城市，给市民们造成了极大麻烦。它们闯进新德里的居民区和工作区，在整个市区的住宅和办公室等地方爬来爬去，并在树上、街道上和屋顶上“聊天”。由此可见，人类和这些灵长类动物是可以和谐相处的。

印度的相关部门已经设立了长尾叶猴保护中心。为了确保这种动物的顺利成长，保护中心采取了各种相关的措施，而且这些猴子们可以像人一样自由出入。经过驯化，长尾叶猴也不会对人类社会造成比较大的麻烦。白天，叶猴正常地生活，偶尔也给人类世界带来点欢乐。到了夜晚，就乖乖地回去睡觉了！

互惠的伙伴

荷兰代尔夫特市的一个郊区，那里有着一个很大的养猪场。这个养猪场的猪粪臭气简直能把人呛死。虽然养猪场里的工人们把这些猪粪打扫得很干净，但是依然挡不住这种臭气。养猪场里的猪实在太多了，每天排出来的大量粪便散发着浓重的臭气。猪粪中有很多的氨气，如果弥漫到空气中，遇到了下雨天气，就会变成了稀硝酸，它们会随着雨水降落下来，这就是我们所说的酸雨。酸雨不但直接伤害了绿色的庄稼和树木，而且全部渗入地下以后，经过氧化作用后，又形成了有害的硝酸盐。这种环境污染是当地的一大令人头疼的问题。

最后，代尔夫特市的一位科研人员来到了当地的猪场考察。饲养员告诉他，猪吃的饲料中含有一种叫做赖氨酸的成分。这位科研人员在这种成分中发现了一件有趣的事情：原来猪粪中的刺鼻臭味氨是氮元素的化合物，猪饲料中的赖氨酸同样也是氮元素的化合物。两种化合物虽然不一

样，但是同样含有氨元素。所以，存在某种变化，可以将猪粪中含有氮的氨转化为含氮的赖氨酸。

这位科研人员开始思考，并最终找到了解决办法，那就是让微生物来完成这个转换过程。微生物有着可以将一种物质转化为另一种物质的能力。经过反复的实验与上千次的选择，科学家们最后终于在实验中找到了一种菌种，这种菌种可以把猪粪中含有的氨气转化为赖氨酸。

1994 年，科学家们对这项实验成果进行商业性生产。他们将猪粪转变为赖氨酸，仅一次便解决掉了 10 万升的猪粪。通过科学手段，动物和人类变得互惠互利，不但变废为宝，而且让环境治理也有了一条新的路径！

日前，英国通过了一项特别的法律：农场主必须保证自己的猪群有玩具玩，否则将受到 1000 英镑的处罚或 3 个月的监禁。

有关部门解释说，制定该法律的目的是要让猪群过得高兴，尽量避免猪群之间互相进攻。也有人说，如果猪过得快乐，那么猪不但长肉快，并且这种肉有可能更健康。目前，英国政府还没有提供出可供猪群娱乐的玩具清单，仅仅笼统地规定说：提供各种安全的玩具，如小球等。

狼来了

大灰狼经常出现在童话里，扮演着坏家伙的角色。这些家伙凶残成性，而且狡猾，最爱吃小动物。在人们眼里，只要看见狼就会用猎枪打死。可是到了后来，狼却变得很受欢迎。这是为什么呢？它们和人类之间发生了什么有趣的事情呢？

这还要从 19 世纪中叶说起，当时美国西部建立了世界上第一个自然保护区——黄石公园。为了保护周围的畜牧业，同时也为了保护当地的食草性动物，政府鼓励人们消灭狼群。一时间，狼成了人人喊打的对象，几乎每年都有数千只野狼被打死。到了 1923 年，生活在这里的最后一只野狼被打死后，黄石公园的狼从此消失了。

当时，人们错误地估计了如果没有狼的后果，只是天真地认为动物们没有狼的威胁，一定可以愉快地生活。谁知道事与愿违，没有了野狼，那些老的、病的、残疾的动物和一些弱的动物，消耗了许多的食物，使得整个种

群的体质减少、下降，而且食草动物没有了天敌，它们就迅速繁殖，将黄石公园的林木、植被啃噬一空。后来，人们只能又将狼引入到黄石公园内，这样在狼繁衍了一段时间之后，这些食草动物再也不像以前那样多地啃食树木与植被了，黄石公园才慢慢地恢复原来的生态环境。

自然界中的生物链如果有一条出现了问题，整个生态平衡就会出现严重的后果。

在1995年春天，美国将从加拿大抓到的9只公狼和5只母狼引进到黄石公园。安装在狼身上的跟踪信息表明，狼群已经完全融合在黄石公园的生态环境中了。到了今天，黄石公园的生态平衡发生了很大的改变。以前软弱不堪的鹿群也开始变得有了活力！

燕子专列火车

在 1990 年的春天，有一辆奇特的火车从瑞士的洛桑市出发，沿着日内瓦湖走了一段后，向着南边开去。这辆货车上没有人，只有一种特别的客人——燕子。

为什么燕子要坐火车？这个事件可真有意思啊！原来，这些燕子在迁徙到瑞士南部的阿尔卑斯山时遇到了大风雪。阿尔卑斯山海拔 4000 多米，面对突然的天气变化，好多燕子都没有办法飞过高山。燕子们冷得浑身打哆嗦，又飞得筋疲力尽，找不到吃的，飞着飞着就掉落在地上，再也没有飞起来。被饥饿和疲劳打击而死掉的燕子占了绝大部分。

面对燕子遇到的这种情况，当地的人们没有置之不理。很多人冒着严寒出去，把又饿又冻的燕子抱回家中，给它们取暖，喂给它们食物。就这样，不少燕子从死亡线上又重新给救了起来。

燕子在阿尔卑斯山遇险的事情被当地政府知道了，政府立即下令动员阿尔卑斯山的居民紧急行动，抢救燕子。于是，居民们爬山涉水来寻找出事的燕子，把它们一只只装在篮子里，送到最近的火车站。于是，就出现了上面的一幕。很多燕子得救了，坐在开往南方的火车上，它们回到了南方过冬。

在春天里，燕子就会重新回来，还要飞到农田里，去消灭危害庄稼的害虫，为农民伯伯尽一份力呢！

燕子迁徙之谜

燕子在冬天来临之前的秋季总要进行每年一度的长途旅行，它们成群结队地由北方飞向遥远的南方，去那里享受温暖的阳光和湿润的天气。表面上看，是北国冬天的寒冷使得燕子离乡背井去南方过冬，等到春暖花开的时节再回来。果真如此吗？其实不然。原来燕子是以昆虫为食的，且它们从来就习惯于在空中捕食飞虫。可是，在北方的冬季是没有飞虫可供燕子捕食的，燕子又不能去发掘潜伏下来的昆虫的幼虫、虫蛹和虫卵。食物的匮乏使燕子不得不每年都要来一次秋去春来的南北大迁徙，以得到更为广阔的生存空间。燕子也就成了鸟类家族中的“游牧民族”了。

知识复习与拓展

阅读了本章的各种环保小故事，你应该对人类如何保护环境，如何维护生态平衡有了更深刻的理解吧！顺便考你几道小问题，看你是否对本章的内容做到了耳熟能详的程度，是不是个无所不知的环保小达人。

1. 为什么黄石公园的工作人员又把凶恶的狼引进了回来？
2. 人们是如何拯救被冻僵了的燕子呢？
3. 猪的粪便如何被人们利用来造福社会与环境的呢？

人兔大战

在澳大利亚原来是没有兔子的。1859 年，墨尔本动物园从英国运来 24 只兔子供人观赏。不料，1863 年动物园失火，幸免于难的兔子逃到草原上。一望无垠的大草原，不仅饲草丰美，而且无天敌之害，这里成了兔子的天堂。到了 1928 年，兔子总数猛增到 40 亿只，分布在澳大利亚 2/3 的地区。它们消耗了大量的牧场牧草和灌木，使畜牧业面临着灭顶之灾。此外，兔子还破坏了植被，又引起水土流失。

为此，澳大利亚政府动用军队，全副武装出击，对兔子进行歼灭，但收效甚小。随后，他们又对兔子采取了更残忍的细菌战。1951 年，从南美引进一种能使兔子致死的病毒，让兔子染上病毒传播，结果 99% 以上的兔子病亡，兔害基本消除。可是少数大难不死的兔子对病毒产生了抗性，于是又重新迅速生儿育女。1993 年兔子再次达到 4 亿余只，以致澳大利亚“人兔之战”至今还在继续。

一个都不能少

我们来虚拟一个场景看一看生态平衡的重要性吧：在农场周围有人类、草、庄稼、兔子、狼。这里的生态循环是这样的，人类吃庄稼，庄稼在与草地争夺土壤资源，兔子靠吃草生活，狼靠吃兔子生活，时时威胁着人类的安全。

问题一：人类为了自身安全把狼全部消灭掉会产生什么影响？

问题二：当所有的兔子都被狼吃掉后会产生什么影响？

问题三：当人类为了庄稼的顺利成长把所有的杂草铲除会产生什么影响？

请好好思考这些问题，把答案写下来对照一下正确答案，并说出你的想法！

正确答案：

回答问题一：当人类消灭掉狼后，兔子由于没有天敌的威胁，便会大量繁殖，啃光杂草后连人类的庄稼也会遭殃。

回答问题二：当狼吃掉所有的兔子后，草就会大量地繁殖，继而与庄稼争夺土地的养分。而狼由于没有了食物，更会对人类的安全造成威胁。

回答问题三：当人类把所有的杂草都除掉之后，兔子还会啃我们的庄稼作为食物。

综上所述，在这个小小的食物链中，哪一种生物都不能少，只有和谐地共存才是真正的生态平衡，希望大家明白这一点，一起加入到保护环境的队伍中来吧！

●愤怒的小鸟

累死我了！
怎么了？
我刚救了一只小鸟！
可它理都不理我飞走了，原来是愤怒的小鸟！

●雀巢奶粉

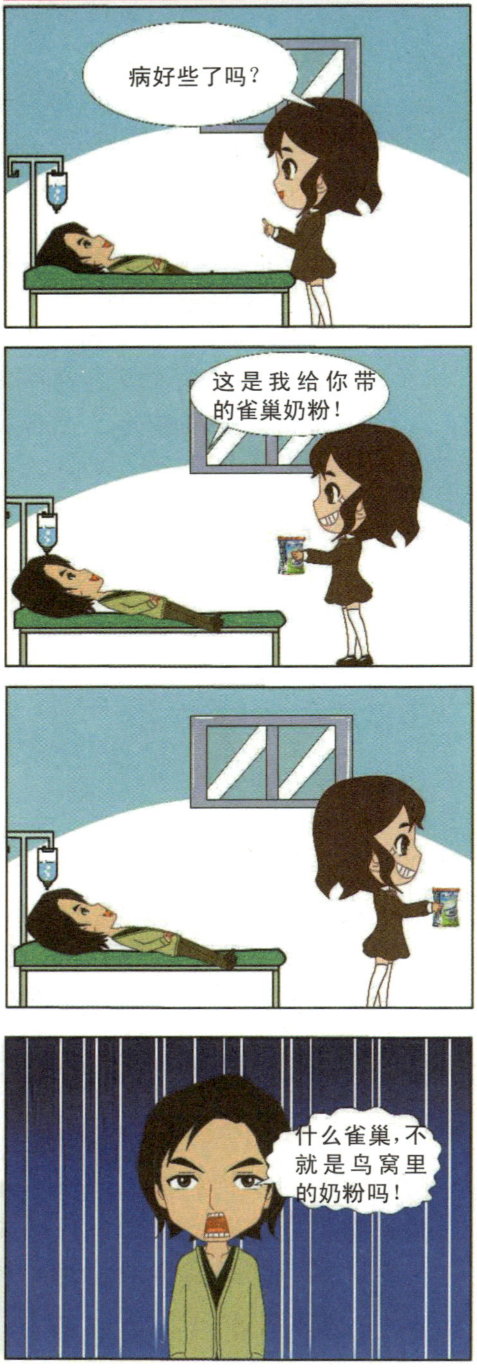
病好些了吗？
这是我给你带的雀巢奶粉！
什么雀巢，不就是鸟窝里的奶粉吗！

●丢失宠物

●打喷嚏